新时代生态文明教育研究

Research on Education for Ecological Civilization in the New Era

张婧 著

社会科学文献出版社
SOCIAL SCIENCES ACADEMIC PRESS (CHINA)

本书是北京市教育科学“十四五”规划 2022 年度优先关注课题
“新时代生态文明教育的发展趋势研究”的成果（项目号：BJEA22020）

序　言

以促进美丽中国建设和实现联合国可持续发展目标为重要推动力量，中国生态文明与可持续发展教育（Education for Ecological Civilization and Sustainable Development，EECSD）已有30余年的演进历程。

回顾起来，我国生态文明与可持续发展教育理论和实践创新具有以下三个层面的特征。

第一，多元主体参与生态文明与可持续发展教育治理。参与基础教育阶段生态文明与可持续发展教育治理的主体主要包括高校、科研院所、各级政府部门、中小学校与幼儿园、社会机构等。在高等教育中，华中师范大学较早成立了中国生态文明教育研究中心专门从事相关理论研究，华东师范大学比较教育学院积极举办“生态文明与全球教育变革”主题论坛，组织全国相关领域学者开展学术研讨，北京师范大学等高校陆续开设了生态文明教育与可持续发展教育学科。科研院所中，最具代表性的是北京教育科学院，在已有25年研究成果基础上组建生态文明与可持续发展教育创新工作室，加大了研究深度与广度，产生了一批新的研究成果。各级政府部门参与其中的实施方略有三。一是开展理论培训，促进提升干部与教师的认识水平；二是推进教育与学习形式创新，促进区域高质量教育发展；三是开展机制创新，促进生态文明与可持续发展教育常态化、制度化地进入学校育人进程。在各地实验学校中，大批优秀校长发扬敢为人先的创新精神，带领教师在创建特色课程、可持续学习课堂、项目式学习、E-STEAM教育与生态校园建设等方面积累了众多宝贵经验，促进了高质量育人模式建设。

第二，多专题研究深化生态文明与可持续发展教育理论认识。据统计，自2020年至2023年，我国教育报刊发表生态文明与可持续发展教育研究论文数量逐年上升，总数已达3716篇，其中，尤以生态文明教育研究专题论文数量增长最多，达 2788 篇，占 75%。仅以北京教育科学研究院专家团队发表论文来看，研究者越来越关注专题性问题，以此为切入点进行深度思考与论述，如可持续发展素养与核心素养、可持续发展教育别国经验与中国模式、可持续发展教育的全球走势与中国特色、新时代区域生态文明教育的路径重构与实施方略、学习型教师网络助推可持续发展教育、中小学生态文明在地化教育实施策略与推进路径、幼儿园开展生态文明教育的路径思考、首都青少年可持续生活方式现状调查及分析、理科教学推进可持续发展教育的策略思考、生态文明背景下节约型中小学校建设的推进策略、终身学习推进可持续发展路径及实现、创建北京世园会的生态文明教育名片、国际可持续发展教育含义与内容述评等。理性思考是行动的先导。随着更多充满深刻理性认识的研究成果问世，广大教育工作者的创新实践有了顺利进行的保证。

第三，多视角探索提速生态文明与可持续发展教育学科体系建设。随着理论与实践相结合研究进程的不断深化，人们愈发明确地认识到，要为推动可持续发展进程和生态文明社会建设提供人才支持与智力支持，极有必要在继承与弘扬原有教育学理论既有优良品质和传统的基础上，构建崭新的可持续发展教育学科理论体系。首先，需要研究与更新教育功能，即需要明确教育为促进社会、经济、环境与文化可持续发展服务，以及教育为促进生态文明社会建设服务的时代功能；其次，需要研究与更新育人目标，即教育促进人的可持续发展，既应促进学习者学会可持续成长与可持续发展，又应帮助学习者做好准备，助力他们日后成长为善于在生态文明社会学习和生活的生态公民。在这一基本原理性认识基础上，北京教育科学研究院专家团队正在研究构建关于生态文明与可持续发展教育学科体系的较为完整认识，其要点如下。可持续发展素养基本构成，生态文明教育示范学校质量标准，生态文明与可持续发展教育课程体系，可持续学习课堂实施原则，跨学科主题学习、项目式学习实施原则，可持续生活方式基本要义，生态校园（家庭、机关、社区）建设基本标准，生态专题实践活动内容与组织，教师生态文明与可持续发展教育专业素养构成与培养途径，生态文明与可持续发展教育地区推进指标，生态社区终身学习体系建设。最后，还应明确生态文明与可持续发展教育愿景，包括助力培养创新型优秀教师，助力打造优秀品牌学校，助力传播青少年生态文明行动者美好故事，助力建设高质量教育体系，以及助力实现美丽中国目标，助力推进中国式现代化进程，助力高质量推进全球教育治理，助力构建人类命运共同体。

在多专题研究深化生态文明与可持续发展教育理论认识，以及多视角探索提速生态文明与可持续发展教育学科体系建设方面，北京教科院博士后张婧的《新时代生态文明教育研究》是一部特色鲜明、颇具创新力的佳作。概括一下，该书具有以下三个鲜明特征。

第一，概括了生态文明教育的发展历程。通过对第三届世界可持续发展教育大会系列结论的分析，作者阐述了可持续发展教育全球实践的特色与时代跃迁，介绍了部分国家开展可持续发展教育实践的基本经验。基于这一背景，该书着重界定了中国生态文明教育的发展阶段及特点，认真回顾了生态文明教育政策演进逻辑与发展特色、生态文明教育理论基础与创新发展、生态文明教育推进基础教育课程创新等重要问题。

第二，分析了生态文明教育一体化实施的成功经验。该书用了较大篇幅论述生态文明教育一体化实施的时代逻辑、主要内容与相关理论认识，尤其对 S 区 J 教育集团生态文明教育一体化实施的优秀案例和整体经验进行了精细分析。

第三，展望了新时代生态文明教育创新实践的发展方向。作者认为，面向 2035 年与 2050 年，我国生态文明教育实践的主要领域包括“培训范式创新：生态文明教育教师培训”“‘双减’与生态文明教育的实践创新”“面向可持续发展目标的教与学方式创新”“新时代区域生态文明教育实践范式与发展”等。

本书作者张婧博士深耕生态文明与可持续发展教育多年，是中国可持续发展教育项目国际联络部部长、华中师范大学中国生态文明教育研究中心特聘研究员、河北邢台学院特聘教授、北京教育学会生态文明与可持续发展教育专业委员会秘书长。作为该领域的优秀的中青年专家，张婧博士面向国际、扎根区域、立足学校，在生态文明与可持续发展教育的区域推进、国际比较、可持续学习课堂等方面取得了丰硕的成果。尤其在与北京市石景山区合作开展生态文明与可持续发展教育理论与实践研究的 15 年中，她长年深入学校、深入课堂、深入学生活动，聚焦区域教育发展规划、教师培训、可持续学习课堂、E-STEAM 课程建设、师生生态文明素养提升、项目式学习等专题开展精深的实践研究，助力石景山区建成享誉全国的生态文明与可持续发展教育国家示范区，成为区域教育高质量发展的典范。

近年来，张婧博士先后出版了《中小学生态文明教育路径研究》《绿色学校领导力》《生态文明教育视域下可持续项目式学习研究与实践》《生态文明视域下生态学习社区理论发展与实践创新》等著作，在《教育科学》《人民教育》《中国教育报》《比较教育学报》等核心期刊报纸发表文章60余篇，主持省部级课题多项，先后赴加拿大、澳大利亚、日本、瑞典等国参加世界可持续发展教育会议并发言，为讲好中国生态文明与可持续发展教育故事，发出中国声音，做出具有较大社会与学术影响力的突出成绩。

继以陶西平先生为卓越代表的老一辈可持续发展教育领军人物长达25年的卓绝努力和杰出奉献之后，一大批新一代中青年生态文明与可持续发展教育领军人物正在走向历史前台，叱诧风云、高歌勇进。其中，张婧博士就是这支新一代领军人物队伍中的一位优秀代表。展望2030年与2035—2050年，我们为新一代领军人物的茁壮成长而感到自豪，并向他们表示由衷与深切的祝福！

草木蔓发，春山可望。新时代、新实践、新起点、新征程，祝愿我国生态文明与可持续发展教育在一代又一代思想者与实践者的共同努力下，为助力教育高质量发展，助力教育强国与中国式教育现代化，做出更大贡献。

史根东

2024年3月17日

前　言

进入21世纪，生态文明与可持续发展愈加成为我国社会发展的主旋律。党的十八大以来，我国政府以前所未有的力度推进生态文明建设，持续开创生态文明的新境界，在国家政策、教育政策层面赋能生态文明建设与生态文明教育，带领人民推进绿色发展、循环发展、低碳发展，坚持走生产发展、生活富裕、生态良好的文明发展道路，为美丽中国建设、全球环境治理、构建人类命运共同体做出了重大贡献。2015年发布的《中共中央、国务院关于加快推进生态文明建设的意见》指出，要把生态文明教育作为素质教育的重要内容，纳入国民教育体系和干部教育培训体系。党的十九大报告将生态文明建设上升为千年大计，提出全面贯彻"绿水青山就是金山银山的理念，坚持节约资源和保护环境的基本国策，形成绿色发展方式和生活方式"[①]；2018年"生态文明协调发展"被写入宪法。2020年国家发展改革委印发了《美丽中国建设评估指标体系及实施方案》，明确评估指标包括空气清新、水体洁净、土壤安全、生态良好、人居整洁等，分阶段提出2025年、2030年与2035年的预期目标。2020年颁布的《中华人民共和国民法典》第九条规定了关于生态环境保护的"绿色原则"；2021年颁布的《中华人民共和国湿地保护法》总则第一条提出，"保障生态安全，促进生态文明建设，实现人与自然和谐共生"。2021年中共中央、国务院印发《关于完整准确全面贯彻新发展理念做好碳达峰碳中和工作的意见》，这既是推动经济社会绿色转型和系统性变革的重要途径，也是人类主动应对气候变化的有效手段；2022年国务院印发《气象高质量发展纲要（2022—2035年）》提出强化应对气候变化科技支撑。

---

① 习近平．决胜全面建成小康社会 夺取新时代中国特色社会主义伟大胜利——在中国共产党第十九次全国代表大会上的报告［M］．北京：人民出版社，2017：23.

加强全球变暖对青藏高原等气候承载力脆弱区影响的监测，开展气候变化对粮食安全、水安全、生态安全、交通安全、能源安全、国防安全等影响评估和应对措施研究。由此可见，党和国家对生态文明建设的高度重视，为新时代、新征程建设美丽中国，促进人与自然和谐共生提供了可靠的政策支撑。

教育是实现生态文明建设目标的重要路径之一，在生态文明建设中具有关键基础作用。近年来，国家对生态文明教育愈加重视，多次出台相关文件推动生态文明教育与实践。2017 年教育部发布的《中小学德育工作指南》将生态文明教育作为立德树人的重要组成部分；2020 年发布的《普通高中课程方案和语文等学科课程标准（2017 年版 2020 年修订）》强调了“尊重自然，保护环境，具有生态文明意识”的培养目标；2019 年教育部办公厅等四部门发布的《关于在中小学落实习近平生态文明思想、增强生态环境意识的通知》指出，完善评价监督机制。各级教育督导机构要将地方和学校开展习近平生态文明思想教育纳入教育督导指标体系。有关部门要为学校落实习近平生态文明思想、加强生态环境保护教育提供各种支持。市场监管部门要对销售给学生、进入校园的不合格塑料产品加大查处力度。2020 年 4 月，教育部办公厅、国家发展改革委办公厅联合印发《绿色学校创建行动方案》；2021 年 1 月，教育部、生态环境部等六部门联合发布《“美丽中国，我是行动者”提升公民生态文明意识行动计划（2021—2025 年）》；同年 7 月，教育部印发《高等学校碳中和科技创新行动计划》，为实现“双碳”目标提供科技支撑与人才保障；2021 年 8 月，教育部提出生态文明教育等“重大主题教育进课程教材”的要求，《义务教育课程方案和课程标准（2022 年版）》明确指出了在课程中有机融入生态文明教育等内容。2022 年，教育部印发了《绿色低碳发展国民教育体系建设实施方案》，意在认真落实党中央、国务院决策部署，落实《关于完整准确全面贯彻新发展理念做好碳达峰碳中和工作的意见》、国务院《2030 年前碳达峰行动方案》要求，把绿色低碳发展理念全面融入国民教育体系各个层次和各个领域，培养践行绿色低碳理念、适应绿色低碳社会、引领绿色低碳发展的新一代青少年。《绿色低碳发展国民教育体系建设实施方案》的目标是：到 2025 年，绿色低碳生活理念与绿色低碳发展规范在大中小学普及传播，绿色低碳理念进入大中小学教育体系；有关高校初步构建起碳达峰碳中和相关学科专业体系，科技创新能力和创新人才培养水平明显提升。到2030年，实现学生绿色低碳生活方式及行为习惯的系统养成与发展，形成较为完善的多层次绿色低碳理念育人体系并贯通青少年成长全过程，形成一批具有国际影响力和权威性的碳达峰碳中和一流学科专业和研究机构。

新时代新发展阶段对生态文明建设提出了更高要求。“十四五”时期，我国生态文明建设进入了以降碳为重点战略方向、促进经济社会发展全面绿色转型、实现生态环境质量改善由量变到质变的关键时期。面向未来，我们必须以习近平生态文明思想为指导，把生态文明教育融入育人全过程，为生态文明建设提供全方位的人才、智力和精神文化支撑。以生态文明与可持续发展教育助力实现美丽中国与2030年可持续发展目标，增进人类福祉，为全球生态治理和教育治理提供中国智慧和中国方案。进入21世纪，2015年《2030年可持续发展议程》的发布使得可持续发展教育凝心聚力为促进17个可持续发展目标而创新实践。2021年联合国教科文组织正式发布了《2030年可持续发展教育路线图》成果文件，重点强调教育对实现可持续发展目标的贡献，提出了将可持续发展教育和17个可持续发展目标全面整合进国家政策、学习环境、教育工作者能力建设、赋权青年、地方（社区）行动等优先行动领域中，强化全民终身学习、以学习者为中心，号召各国在国家政策的支持下运用全机构模式推进可持续发展教育，全球可持续发展教育理念成为国际共识。同年召开的第四十一届联合国教科文组织大会发布了《学会融入世界：为了未来生存的教育》报告，作为“教育的未来”倡议的背景资料，该报告提出七个方面的教育宣言，勾勒出2050年后的教育图景。宣言呼吁：教育必须发挥关键作用，从根本上改变人类在世界中的地位和作用，从了解世界到采取行动，再到与周围的世界融为一体，实现教育范式的根本转变。联合国教科文组织发布的《一起重新构想我们的未来：为教育打造新的社会契约》为全世界未来30年教育发展擘画蓝图。该报告认为当前教育模式亟须变革，进行教与学方式变革与未来学校建设，强调生态、跨文化和跨学科学习，以此推动实现全球未来教育的新构想。这两份报告为面向未来开展生态文明与可持续发展教育提供了更加清晰的方向。

本书是北京市教育科学“十四五”规划2022年度优先关注课题“新时代生态文明教育的发展趋势研究”（项目编号：BJEA22020）的研究成果，

聚焦生态文明教育的发展历程、国际可持续发展教育的发展历程、生态文明教育的理论发展逻辑、政策发展逻辑与实践发展逻辑、生态文明教育一体化实践以及生态文明与可持续发展教育未来发展趋势与展望等前沿议题，做出了系统性梳理与创新性分析。

第一章主要介绍了生态文明教育的发展历程与实践，以历史发展的逻辑，对于中国近 20 年生态文明教育的研究成果做了梳理与分析，进一步界定了生态文明教育的发展历程以及主要特征。该章由张婧老师撰写。

第二章主要介绍了国际可持续发展教育的理念变迁与发展趋势，通过对三次世界可持续发展教育大会的特点分析，阐述了可持续发展教育全球实践的特色与时代跃迁，同时介绍了不同国家开展可持续发展教育实践的状况及特点。由张婧老师、沈欣忆老师撰写该章第一节、第二节，第三节由课题组主要成员王鹏老师撰写。

第三章主要介绍新时代生态文明教育的发展趋势。该章系统介绍了生态文明教育政策演进逻辑与发展趋势、生态文明教育的理论发展趋势、新时代生态文明教育在基础教育课程中的创新发展三个层面，第一节由课题组成员王咸娟老师撰写，第二节、第三节由张婧老师、朱竹老师共同撰写。

第四章重点对生态文明教育一体化模式构建与实践创新做了系统分析与设计，包括生态文明教育一体化实施的时代逻辑、主要内容、生态文明教育一体化实施与教育数字化、生态文明教育一体化实施与区域教育发展以及基于 S 区 J 教育集团生态文明教育一体化实施案例分析。该章由张婧老师撰写。

第五章主要是面向 2050 年的生态文明教育展望，面向 2050 年，我国生态文明教育实践的主要领域与面向未来的实践创新。主要包括：教育数字化新发展的国际趋势、面向可持续发展目标的生态学习社区、培训范式创新：生态文明教育教师培训、“双减”与生态文明教育的实践创新以及面向可持续发展目标的教与学方式创新、新时代区域生态文明教育实践范式与发展。依托新时代教育数字化，从社区生态文明教育、教师培训、教与学方式创新助力“双减”等教育热点问题出发做了具体分析与阐述。该章由张婧老师主要撰写，课题组核心成员徐新容老师撰写了第三节。

第六章主要介绍了世界可持续发展教育热点与中国实践，主要内容包括联合国教科文组织大力倡导的面向可持续发展目标的气候变化问题与“双碳”教育问题。介绍了全球可持续发展教育的状况与未来发展、全球气候变化教育状况与可持续发展，在此基础上，分享了新时代我国气候变化教育与“双碳”教育实践、气候变化教师教育与学校实践。面向未来，生态文明教育与联合国教科文组织可持续发展教育的五个优先行动领域理念融合，为2030年可持续发展做出应有的贡献。该章由张婧老师撰写，马强老师、戴剑老师参与了该章相关内容的撰写。

张婧

北京教育科学研究院

2023年7月

目　录

第一章　生态文明教育的发展历程与实践 …… 001
　第一节　近 20 年中国生态文明教育研究成果综述 …… 001
　第二节　中国生态文明教育发展历程与主要特征 …… 010

第二章　国际可持续发展教育的理念变迁与发展趋势 …… 016
　第一节　可持续发展教育的发展趋势 …… 016
　第二节　2030 年可持续发展目标与中国实践 …… 022
　第三节　可持续发展教育的全球实践 …… 028

第三章　新时代生态文明教育的发展趋势 …… 037
　第一节　生态文明教育政策演进逻辑与发展趋势 …… 037
　第二节　生态文明教育的理论发展趋势 …… 053
　第三节　新时代生态文明教育在基础教育课程中的创新发展 …… 068

第四章　生态文明教育一体化模式构建与实践创新 …… 078
　第一节　生态文明教育一体化实施的时代逻辑 …… 078
　第二节　生态文明教育一体化实施的主要内容 …… 088
　第三节　生态文明教育一体化实施与教育数字化 …… 095
　第四节　生态文明教育一体化实施与区域教育发展 …… 100
　第五节　生态文明教育一体化实施案例：S 区 J 教育集团 …… 102

第五章　面向 2050 年的生态文明教育展望 …… 107
　第一节　教育数字化发展的国际趋势 …… 107
　第二节　面向可持续发展目标的生态学习社区 …… 111
　第三节　培训范式创新：生态文明教育教师培训 …… 121

第四节 “双减”与生态文明教育的实践创新 …… 128
第五节 面向可持续发展目标的教与学方式创新 …… 138
第六节 新时代区域生态文明教育实践范式与发展 …… 152

第六章 世界可持续发展教育热点与中国实践 …… 166
第一节 全球可持续发展教育的状况与未来发展 …… 166
第二节 全球气候变化教育与可持续发展 …… 173
第三节 新时代我国气候变化教育与“双碳”教育实践 …… 180
第四节 气候变化教师教育与学校实践 …… 186

参考文献 …… 198

后 记 …… 206

第一章　生态文明教育的发展历程与实践

第一节　近20年中国生态文明教育研究成果综述

一　国内相关研究学术史梳理

国内学者对于生态文明教育的研究起步于20世纪末21世纪初。1998—2010年，部分学者在思考人与自然环境关系的基础上，阐述了生态文明时代的诞生，论述了生态文明教育的内容及其建设思路，进而提出生态文明建设是实现可持续发展的根本途径。如王良平指出，由于没有正确处理好生产和资源与环境保护的关系，甚至以牺牲环境为代价促进经济发展，所产生的严重的环境问题使人类自身陷入了“生存的困境”，为了人类的持续生存与发展，人与自然和谐共存成为时代发展的主题。1992年，联合国在巴西举办环境与发展大会，会议通过了以全球可持续发展为核心议题的《21世纪议程》，为实现人与自然协调可持续发展制定了一系列的行动方案与实施准则。以此次大会召开为标志，人类正式进入现代生态文明新时代。[①] 此外，王良平还指出，生态文明是以人与自然的和谐、协调发展为特征的文明，是指自然界受到充分尊重的文明，包括生态物质文明和生态精神文明两方面。生态物质文明的建设是可持续发展的基础，需要不断加强生态物质文明建设，而生态精神文明作为生态物质文明建设的重要支撑，意在培养人们的生态意识，使之充分保有生态伦理道德标准，从而开展生

① 王良平．加强生态文明教育，把环境教育引向深入［J］．广州师院学报（社会科学版），1998（01）：81-85.

态文明实践活动，实现人与自然可持续发展。[①] 董兆华指出，人的全面发展应该包含生态文明发展的需求，生态文明是人类在正确处理人与自然关系中所取得的一切文明成果，加强生态文明的发展离不开生态文明教育。在加强生态文明教育过程中，重点在于把生态平等观教育和生态价值观教育相结合、把生态文明教育与生态法治教育相结合、把社会舆论生态文明宣传教育与学校生态文明教育相结合、把生态理论教育与生态实践教育相结合、把生态文明教育与解决人们的实际问题相结合，以促进人的全面发展。[②] 刘经纬表示，改革开放以来我国经济迅猛发展，但快速的经济发展造成了资源消耗过度、环境破坏严重等一系列问题，可持续发展成为中国 21 世纪发展的唯一选择。生态文明和可持续发展观念的提出是人类自我教育的结果，生态文明教育是实现可持续发展的关键，而加强生态文明教育可以从提高生态公民意识、增强公民生态伦理道德标准着手，从而为实现可持续发展奠定相应的思想道德基础，使每个人都能成为生态文明的践行者和宣传员。[③]

2011 年之后，生态文明教育研究呈现蓬勃发展态势。学者们从新时代生态文明教育体系、生态文明素养、区域实施路径、绿色大学（学校）建设、可持续消费等多个层面与当前正在进行的生态文明建设结合起来开展理论与实践研究，为新时代生态文明教育注入了新的研究内容。如史根东指出，人与自然关系的脆弱性、敏感性、突变性仍然存在，以及其他危险仍继续威胁人类社会进步与获取福祉的进程。面对国家和人类社会面临的一系列严峻挑战，教育系统所肩负的历史使命和必须承担的时代责任，理应把握好生态文明与可持续发展教育的国内与国际两个大局，在教育系统诸多领域加以生态文明化的重塑与更新，大力推动面向生态文明与可持续发展的教育改革与教育创新，助力全国国民教育体系和终身学习体系实现迈向“建设高质量教育体系”的长足跨越。[④] 当前，可持续发展教育已经成

---

① 王良平．加强生态文明教育，把环境教育引向深入［J］．广州师院学报（社会科学版），1998（01）：81-85.

② 董兆华．浅议人的全面发展和生态文明教育［J］．江西社会科学，2002（02）：221-222.

③ 刘经纬．生态文明教育与中国可持续发展研究［J］．中国科技信息，2005（01）：81.

④ 史根东．加快推进生态文明与可持续发展教育——文明变迁呼唤教育创新［J］．可持续发展经济导刊，2021（Z1）：52-53.

为世界潮流，生态文明教育也呈方兴未艾之势，培养学习者的生态文明素养，是鼓励学习者为生态文明和可持续发展采取变革性行动的重要方式之一。史根东指出，新时代参与生态文明建设与可持续发展进程的优秀专门人才和领军人物，应当具备相应的生态文明—可持续发展素养，即前瞻预见素养、战略思维素养、价值观导向素养、批判思维素养、创新思维素养、团队合作素养、解决问题素养以及自我完善素养。[①] 岳伟和古江波指出，近年来全球范围内公共卫生危机以及人与自然关系的失衡暴露了公民在关注生态文明知识、践行生态文明价值、参与生态文明建设方面存在的诸多问题，提升公民生态文明素养势在必行。提升公民生态文明素养离不开生态文明教育，当前必须加快推进生态文明教育理念、制度和体制机制创新，构建以培养生态公民为核心的全民生态文明教育体系，以实现公民从自我公民、社会公民向具有生态人格的生态公民跃变。[②] 杜昌建指出，生态文明教育体制是新时代我国教育体制中一个与时俱进的重要组成部分，系统构建生态文明教育体制是完善我国整个教育体制和全社会广泛普及生态文明理念、提高公民生态文明意识的迫切需要。关于我国生态文明教育体制的构建，一是以政府为主导，构建整体教育方案；二是以企业为重点，抓好教育关键领域；三是以个人为基点，推进教育全覆盖；四是以学校教育为主体，形成教育主阵地。也就是从宏观、中观、微观层面全面地、系统地构建我国生态文明教育体制[③]，持续推进我国生态文明教育和可持续发展教育进程。胡晓华强调以学校为主阵地，延伸至家庭、社区，开展多样化的生态文明实践活动，宣传生态文明思想，共同打造生态文明教育可持续发展新形态，把区域生态文明教育作为全社会广泛推动生态文明建设的重要模式。[④] 绿色学校的创建与发展作为我国推动生态文明教育的重要实践之一，在充分整合学校绿色教育资源、传播生态文明理念和培养师生生态文明意识方面发挥了重要作用。陈丽鸿指出，绿色学校是以可持续发展教育

---

① 史根东．为美丽中国奠基：生态文明-可持续发展教育的涵义解读与素养分解［J］．可持续发展经济导刊，2021（Z2）：63-66.

② 岳伟，古江波．公民生态文明素养亟需全面提升——基于当前重大疫情的反思［J］．教育研究与实验，2020（02）：8-12.

③ 杜昌建．我国生态文明教育体制建构的整体性思考［J］．中学政治教学参考，2019（03）：37-41.

④ 胡晓华．打造区域生态文明教育可持续发展新形态［J］．辽宁教育，2023（04）：13-15.

理论为指导思想，注重全校性、综合性、广泛性、开放性、自主性的环境教育方法。绿色学校的创建作为生态环境教育的重要实践活动之一，需要通过成立专门机构、培训骨干力量、组织环保主题活动等打好绿色学校工作基础，大力推动创建绿色学校工作有序发展、健康发展。①

二 国内相关研究动态

有关“新时代生态文明教育”的研究内容主要集中于期刊论文、报纸文章、专著和博硕士研究生学位论文中。根据中国知网呈现的数据，从发表数量上看，2011 年以后的发表数量是前 10 年的 16 倍，这与党的十八大以来生态文明确立成为国家总体发展战略的核心构成，国家对生态文明建设高度重视，生态文明教育逐渐成为教育发展的时代关切有关。下面以报刊类文章、博硕士研究生学位论文为主，对国内相关研究动态进行概述。

（一）关于新时代生态文明教育的理论研究

学者围绕新时代生态文明教育的理论内涵、方法与策略等方面，展开了积极而深刻的学术探讨。汪明杰认为，在生态危机时代，学习方式的转换成为教育的关键环节，用在地化理论开展生态文明教育是新时代教育的新思路。② 陈丽鸿从中国生态文明教育的背景、历史渊源、理论内核、教育模式四个方面进行了理论概括。③ 李慧芳认为马克思主义生态观是新时代生态文明教育的理论基础，在开展生态文明教育的过程中为公民认知与践行生态文化提供了根本遵循，是公民生态意识培养的理论依据。④ 谢益梅表示，生态文明教育从生态自然观、价值观、法治观、道德观四个方面展开，将生态文明理念传递给学生，而且要求尊重人与自然发展的客观规律，教育当代青年正确理解人与自然的关系。新时代生态文明教育是以马克思主义生态观为理论基础、吸取中华优秀传统文化精华的教育模式，是中国化

① 陈丽鸿．中国生态文明教育理论与实践［M］．北京：中央编译出版社，2019：139-141.

② 汪明杰．生态危机时代的学习范式转换［J］．世界教育信息，2019（02）：5-9+39.

③ 陈丽鸿．中国生态文明教育理论与实践［M］．北京：中央编译出版社，2019：3-129.

④ 李慧芳．马克思主义生态观视域下公民生态意识的再审视［J］．河南工学院学报，2021（05）：66-68.

生态文明理念在新时代生态文明实践中的理论升华。[①] 王鹏表示，生态文明教育是推动生态文明建设的重要途径，明确中小学生态文明教育的目标与内容后，可以通过以感知、体验和探究为主的多种途径与方法开展生态文明教育，培养中小学生的节约环保意识与行为。[②] 汪旭、岳伟和许元元认为新时代生态文明教育应该由浅层转入深层，用深层生态学理论开展生态文明教育，以其价值认同与生态自我实现丰富生态文明教育的目标体系，以深层生态实践拓宽生态文明教育实践。[③]

（二）有关生态公民培育的内容构建与路径研究

部分学者表示生态公民是生态文明的建设主体，对如何培育生态公民、如何提升公民生态文明意识进行了相关研究。沈明霞认为，公民的生态文明意识应包含变革消费理念、改变生态理念、建立全球视野、培养责任感与合作精神。[④] 曾晨提出强化制度保障，构建生态公民教育体系，构建包含政府、学校、社区、家庭等多层面的生态公民行动体系。[⑤] 李波和于水指出，生态公民作为生态文明建设的积极行动者，是生态文明建设的社会基础，培育生态公民，就是要强化生态文明制度保障，加强生态组织和生态文化的培育。[⑥] 孙叶林和周国文从环境教育视角出发，旨在通过环境教育、科普和体验等途径培养具有生态道德意识和绿色理念的新型生态公民。[⑦] 李璟表示，生态法律意识是生态公民培育必不可少的内容之一，并提出建立健全生态法律体系，明确生态公民的权利和义务，同时在汲取中华优秀传统文化精华中不断提升公民的生态素养和生态法律情感，是生态公民法律

---

① 谢益梅．论新时代生态文明教育理论与实践演进［J］．成才，2022（07）：1-2.

② 王鹏．中小学生态文明教育的目标和方法［J］．教育视界，2019（11）：8-10.

③ 汪旭，岳伟．深层生态文明教育的价值理念及其实现［J］．教育研究与实验，2021（03）：26-30；许元元．论深层生态学的生态文明教育意蕴及其实现［J］．鄱阳湖学刊，2022（06）：92-98+126.

④ 沈明霞．从《绿色情商》看生态公民培育［J］．当代继续教育，2014（05）：21-24.

⑤ 曾晨．生态公民本土化养成研究［D］．南京理工大学，2018.

⑥ 李波，于水．生态公民：生态文明建设的社会基础［J］．西南民族大学学报（人文社科版），2018（03）：199-204.

⑦ 孙叶林，周国文．环境教育视野下的生态公民培育［J］．中华环境，2019（08）：47-49.

信仰培育的路径选择。[①] 农春仕认为培育生态公民的关键在于提升公民的生态道德，公民处于从生态道德意识到生态道德实践的动态生成和发展过程中，要通过提升公民的自主性从而提高其自发参与生态实践活动的积极性。[②] 张芬就我国现存的关于生态公民培育存在生态环境意识淡薄、法律意识薄弱、生态道德滑坡、生态科技知识水平滞后等问题，表示要为生态公民培育创造有利的外部条件，强化生态公民教育，培养公众生态环境意识，必须构建以政府为主导、以市场为手段、全社会广泛参与的生态公民培育中国路径。[③] 边培瑞指出，重塑公民尊重自然、敬畏自然、呵护自然的生态价值理念、生活方式、幸福指向，培育知行合一的生态公民具有现实紧迫性，可以从绿色实践理念、生态幸福指向、生态法律制度层面入手，培育出助益人与自然、人与人和谐共荣格局实现的新时代生态公民。[④]

（三）生态文明教育实践研究

北京教育科学研究院生态文明与可持续发展教育团队自 1998 年开始在史根东博士带领下跟踪研究国际可持续发展教育，并起步开展国内可持续发展教育理论和实践研究。20 多年来，在全程见证、宏观观照与研究国内国际发展动态和进程的基础上，有力指导了国内中小学生态文明与可持续发展教育的实践推进，形成了系列成果。史根东对于可持续发展教育的理论与实践进行了详细阐述，鼓励将可持续发展理念纳入国家教育发展战略与规划之中，开拓教育改革与发展的新局面。[⑤] 张婧提出开展新时代区域生态文明教育需要在理念创新、教与学方式创新、机制创新方面进行重构。[⑥] 徐新容和王咸娟认为应该大力引导青少年养成可持续生活方式，与劳动教

---

① 李璟．生态公民及其法律信仰的培育［J］．重庆电子工程职业学院学报，2018（05）：64-67.

② 农春仕．公民生态道德的内涵、养成及其培育路径［J］．江苏大学学报（社会科学版），2020（06）：41-49.

③ 张芬．生态公民的时代内涵及其培育研究［J］．现代交际，2020（06）：225-226.

④ 边培瑞．后疫情时代生态公民的培育［J］．黑龙江生态工程职业学院学报，2021（01）：6-9+44.

⑤ 史根东．可持续发展教育的理论研究与实践探索［J］．教育研究，2003（12）：44-50；史根东．促进可持续发展：新世纪教育的重要使命［J］．教育研究，2005（08）：21-25.

⑥ 张婧．新时代区域生态文明教育：路径重构与实施方略［J］．人民教育，2021（06）：44-46.

育相结合，提升其生态文明行动能力，同时关注教师生态文明教育能力的培训与提升。[①] 王鹏围绕中小学生态文明教育的内容及目标、方法和实施路径开展绿色学校、垃圾分类、可持续学习课堂等实践研究。[②] 沈欣忆等人认为中小学生生态文明素养应该在实践中引起足够重视，提出将在地实践与国际视野有机结合。[③] 岳伟和陈俊源总结了我国生态文明教育实践的重要进展，包括扎实推进高校生态文明教育、全面推广学前与中小学生态文明教育，形成了国家引领、地方主导与学校自主相结合的多元推进格局；拓展生态文明教育实践场域，全社会协同构成了多层多维的宣教网络；加强生态文明教育法治建设，完善国家政策文件和鼓励地方出台环境与生态文明教育法规及政策。[④] 曹菁、程军栋和于家鹏提出理论与实践相结合的方式，重视生态文化培育和氛围营造，依托高校思政课程和互联网技术的优势，利用各种媒体工具传播生态文明理念，通过研学、公益活动等多样化的形式使学生了解和感受生态文明的价值并最终转化为生态文明行动。[⑤]

（四）新时代生态文明教育发展趋势与实践研究

史根东论证了生态文明教育与可持续发展教育的关系，对生态文明与可持续发展教育的含义以及素养做了详细阐述，指出在新时代如何持续开展生态文明与可持续发展教育，认为生态文明教育能够促进教与学方式创新与教育现代化 2035 高质量教育体系建设。[⑥] 韩民认为国际可持续发展教

---

① 徐新容，王咸娟．首都青少年可持续生活方式现状调查及分析［J］．人民教育，2019（24）：46-49.

② 王鹏．生态文明背景下节约型中小学校建设的推进策略［J］．中国德育，2015（17）：35-38；王鹏．中小学生态文明教育的目标和方法［J］．教育视界，2019（11）：8-10.

③ 沈欣忆，张婧，吴健伟，王巧玲．新时期学生生态文明素养培育现状和发展对策研究——以首都中小学学生为例［J］．中国电化教育，2020（06）：45-51.

④ 岳伟，陈俊源．环境与生态文明教育的中国实践与未来展望［J］．湖南师范大学教育科学学报，2022（02）：1-9.

⑤ 曹菁．新媒体环境下高校生态文明教育途径探究［J］．新乡学院学报，2020（08）：58-60；程军栋．生态文明教育视域下的高校思政教育实践和创新［J］．环境工程，2022（01）：235；于家鹏．生态文明教育视域下的高校思政教育实践和创新［J］．环境工程，2022（03）：273.

⑥ 史根东．推动中国可持续发展教育，培养新时代需要的人才［J］．可持续发展经济导刊，2019（Z2）：68；史根东．后疫情时代的教育重建［J］．可持续发展经济导刊，2020（08）：25.

育使更多层面参与其中，生态文明教育需要融入全民终身学习内容中。[①] 王晓燕提出我国生态文明教育不应局限于单纯的生态环境领域，不可只强调“人与自然和谐共处”，还应指向人际环境并凸显“人际和谐”。[②] 刘志芳认为生态教育研究应加强理论与实践的有效衔接。生态教育的理论研究者与实践工作者应形成合作共同体，不同学科背景的学者应开展一体化的合作研究，促进生态教育理论研究与实践研究齐头并进。[③] 彭妮娅和安黎哲考虑到未来生态教育的发展，认为应构建生态教育体系，从学校生态教育体系构建、社会生态教育环境创设、生态管理制度保障等方面构筑一体化的生态教育文化体系，以生态教育的发展促进生态文化的培育和充实。[④] 蒋笃君和田慧表示未来生态文明教育需要不断创新，科学系统的生态文明教育运行机制是提高生态文明教育效能的重要保障，并以此探索我国生态文明教育工作体制、教育模式及其运行机制的创新路径，有利于实现未来我国生态文明教育优先发展、高质量发展的目标。[⑤] 岳伟和李琰对生态文明教育立法的状况、困境与应对做了详细阐述。[⑥] 王烽认为区域可持续发展应以人的可持续发展为核心，制定区域教育可持续发展目标，明确推进区域教育可持续发展的工作重点，针对突出问题精准施策。[⑦] 包万平和路璐指出生态文明教育作为应对全球环境问题的重要手段，面向未来发展，需要进一步推进我国生态文明教育的现代化、全球化、制度化和民间化。[⑧] 何齐宗和张德彭表示生态教育研究的完善有赖于研究策略的改进，未来的生态教育研究应采取多元化的策略，基于新的形势要求和研究中存在的问题，增强生态教育研究的问题意识，拓展生态教育研究的视域，改进生态教育研究的策

---

① 韩民．可持续发展教育的趋势及其启示［J］．世界教育信息，2015（05）：15-16.

② 王晓燕．新时代生态文明教育的逻辑与进路［J］．思想理论教育导刊，2020（09）：122-126.

③ 刘志芳．我国生态教育研究：回顾、反思与展望［J］．教学研究，2020（04）：1-7.

④ 彭妮娅，安黎哲．我国生态教育的发展与展望［J］．北京林业大学学报（社会科学版），2020（02）：73-78.

⑤ 蒋笃君，田慧．我国生态文明教育的内涵、现状与创新［J］．学习与探索，2021（01）：68-73.

⑥ 岳伟，李琰．生态文明教育亟须立法保障［J］．教育科学研究，2021（02）：45-49+63.

⑦ 王烽．推进区域教育可持续发展的理念、路径和策略［J］．中小学管理，2020（07）：5-9.

⑧ 包万平，路璐．我国生态文明教育的历史变迁及未来展望［J］．宿州教育学院学报，2022（02）：116-122.

略和重视生态教育学的学科构建。[①] 徐新容、王鹏、王咸娟从国别可持续发展教育研究视角出发，对加拿大、美国、芬兰等国家在基础教育领域通过学校教育、社会社区教育等多种特色路径开展可持续发展教育做了详细分析并提出建议[②]；张婧等认为国际可持续发展教育的未来 10 年需要全球合作、资源整合[③]，马强等认为通过在地课程建立人类命运共同体是新时代生态文明教育的关键路径[④]；王巧玲等认为国际可持续发展教育的全球发展趋势对于中国生态文明教育在理论与实践的特色创新、政策支撑、战略主题与目标定位、课程创新与区域推进等层面都提供了新的借鉴，认为生态文明素养"学—教—评"一体化融合模式评价理念从"针对教学的评价"转向"为了教学的评价"。[⑤]

（五）国内研究动态简评

一是国内学者更多是将生态文明教育理论与实践相结合，聚焦内容、路径与策略，但对微观层面的大中小幼一体化开展生态文明教育的顶层设计、实施对策与核心内容层次性构建研究较少。二是共性研究偏多，特殊性研究不足。国内学者研究大多关注高等学校开展生态文明教育的状况与策略，对于生态文明教育的发展趋势、大中小幼阶段一体化的实践与案例研究关注不足且缺乏系统设计。

---

① 何齐宗，张德彭．我国生态教育研究的回顾与前瞻［J］．中国教育科学（中英文），2022（05）：117-130.

② 徐新容．加拿大中小学环境教育的经验和启示［J］．教育研究，2018（06）：154-159；王鹏．北美地区可持续发展教育的特点及启示——以加拿大安大略省和美国印第安纳州为例［J］．世界教育信息，2019（02）：36-39；王咸娟．可持续发展教育在芬兰基础教育中的实施途径［J］．环境教育，2020（09）：48-51.

③ 张婧，王巧玲，史根东．未来 10 年全球可持续发展教育：整体布局与推进路径［J］．环境教育，2022（11）：52-55.

④ 马强，张婧．从"人类命运共同体"的视角看生态文明教育实施［J］．环境教育，2020（08）：60-63.

⑤ 王巧玲．可持续发展教育的全球趋势［J］．上海教育，2018（32）：32-34；工巧玲，徐焰华，傅继军．整体论视域下生态文明教育的融合模式与实现策略——基于"学—教—评"一体化实践探索［J］．教育科学研究，2022（03）：78-84.

第二节 中国生态文明教育发展历程与主要特征

生态文明教育日益成为解决环境问题的治本之策和实现可持续发展的教育必由之路。我国生态文明教育以环境教育为前身，在联合国教科文组织可持续发展理念的指导下不断丰富发展，并于21世纪初转向真正意义上的生态文明教育，主要经历了五个发展阶段。

一 起步萌芽阶段（1972—1991年）：以环境教育为着手点

中国生态文明教育的前身是环境教育。20世纪70年代初，我国环境教育开始起步。1972年，首届联合国人类环境会议在斯德哥尔摩举办，会议上通过了著名的《人类环境宣言》并成立了联合国环境规划署（UNEP），大会所通过的《人类环境宣言》呼吁并鼓励各国政府和人民为维护和改善人类环境，造福后代而共同努力。《人类环境宣言》传递的共同理念主要包括两个方面：一是人类既是环境的创造物，又是环境的塑造者，环境给予人以维持生存的东西，并为人类提供了在智力、道德、社会和精神等方面获得发展的机会；二是我们在决定世界各地的行动的时候，必须更加审慎地考虑它们对环境造成的后果，有了比较充分的知识和采取比较明智的行动，我们就可能使我们自己和我们的后代在一个比较符合人类需要和希望的环境中过着较好的生活。①

此次大会的召开全面拉开了环境教育的序幕，推动了国际环境教育事业的高涨。以此为契机，1973年，首次全国环境保护会议在北京召开，此次会议交流了全国环境保护工作的经验，制定了环境保护工作的方针，即“全面规划，合理布局，综合利用，化害为利，依靠群众，大家动手，保护环境，造福人民”。② 对推动当时中国环境保护事业的发展和之后的环境保护事业都具有重要的指导作用，会议通过了《关于保护和改善环境的若干规定（试行草案）》，其中表明“大力开展环境保护的科学研究工作和宣传

① 斯德哥尔摩人类环境宣言［J］. 世界环境，1983（01）：4-6.

② 关于保护和改善环境的若干规定（试行草案）［J］. 工业用水与废水，1974（02）：38-41.

教育”，正式揭开了我国环境教育事业的序幕。[①] 1978 年，中共中央批转了国务院环境保护领导小组第四次会议通过的《环境保护工作汇报要点》表明：“普通中小学也要增加环境保护知识的教学内容。”1990 年，国家教委颁布的《现行普通高中教学计划的调整意见》指出，国防教育、环保教育等不单独设课，一律安排在选修课和课外活动中进行，或渗透到有关学科中结合进行。其间，国家层面初步具有环保意识，开展以环境保护教育为着手点的相关宣传工作。本阶段的主要特点是：政府起主导作用，国家对环境保护政策十分重视，为环境教育提供了一定的法律保障；以社会环境教育为主，通过主题教育的形式开展，内容方法较为单一。

二 形成与发展阶段（1992—2001 年）：环境教育与可持续发展教育

联合国环境与发展大会于 1992 年 6 月在巴西里约热内卢召开，会议通过了可持续发展的纲领性文件《21 世纪议程》，为实现教育朝可持续发展方向转变提供了一个全球性的框架，是“为了环境的教育”向“可持续发展教育”转变的重要标志。大会还通过了被称为“地球宪章”的《里约环境与发展宣言》，重申了环境保护教育的重要性。在国际背景的影响下，《中国环境与发展十大对策》等文件随之发布，对我国可持续发展做出相应战略部署。这一时期，“可持续发展教育”成为环境教育的主要目标，环境教育与中国社会建设联系越来越紧密。

1992 年，我国首届全国环境教育工作会议在江苏召开。时任国家环保局局长的曲格平同志做了题为“发展环境教育，走有中国特色的环境保护道路”的报告，报告中提出了“环境保护，教育为本”的口号。[②] 此外，时任国家教委副主任的邹时炎也做了“深化教育改革 加强环境教育”的重要讲话，并在讲话中表示：“环境教育是解决环境问题最基本的、综合的和有效的措施和手段。各级教育部门包括学校要把加强环境教育作为教育工作的一项重要任务，要将加强环境教育、提高全民环境意识、培养培训环保

① 祝怀新．国际环境教育发展概观［J］．比较教育研究，1994（03）：33-36.

② 于慧颖．环境保护 教育为本——全国环境教育工作会议在江苏召开［J］．学科教育，1993（01）：56.

专业人才，作为教育战线的重要职责，予以高度重视。”[①] 根据此次全国环境教育工作会议提出的“环境保护，教育为本”的口号，各级政府加强生态环境保护的宣传教育，向公众普及生态环境保护知识。1994 年，国务院颁发《中国 21 世纪议程——中国 21 世纪人口、环境与发展白皮书》强调要加强环境与发展的教育和宣传，提高人民群众可持续发展意识和参与可持续发展教育的能力，强调帮助人们树立可持续发展意识。此后，针对环境教育和可持续发展教育的实践工作持续展开，政府环保部门和教育部门密切合作，开展了创建“绿色学校”活动，并为其注入了新的活力。1996 年，由国家环境保护局、中共中央宣传部及国家教育委员会联合印发的《全国环境宣传教育行动纲要（1996—2010 年）》，确立了我国未来 15 年环境保护的目标，即到 2000 年使广大青少年掌握保护环境的基本知识，培养一批跨世纪的环保专门人才，对各级各部门多数人进行环境保护和可持续发展的培训等；进一步完善有中国特色的环境基础教育和专业教育体系，根据大、中、小学的不同特点开展环境教育，并且加强中小学各科教材中关于环保的内容，高等院校环境专业要结合专业特点，把可持续发展理念融入教学过程之中，提倡创建“绿色学校”，开展素质教育。

本阶段在政府主导下，环境教育体系更加制度化和规范化，环境教育和可持续发展教育的对象扩展到全体社会公民，教育主体趋于多样化，教育内容由理论性向实用性转变，鼓励人们开展多种多样的环境保护活动以及在日常生活中践行良好的可持续生活方式。

三　正式确立阶段（2002—2011 年）：生态文明教育的正式提出

2002 年党的十六大提出“促进人与自然的和谐，推动整个社会走上生产发展、生活富裕、生态良好的文明发展道路”[②]，为生态文明教育提供了国家战略与政策支撑。2003 年，党的十六届三中全会提出“坚持以人为本，树立全面、协调、可持续的发展观，促进经济社会和人的全面发展”[③]，为生态文明教育提供了强有力的理论支撑。2004 年发布的《全国“绿色社区”

---

① 邹时炎．深化教育改革 加强环境教育——在全国环境教育工作会议上的讲话［J］．课程·教材·教法，1993（01）：4-8.

② 十六大以来重要文献选编（上）［M］．北京：中央文献出版社，2005：850.

③ 十六大以来重要文献选编（上）［M］．北京：中央文献出版社，2005：850.

创建指南（试行）》为“绿色社区”的创建提供了政策指引，促进了生态文明理念进社区，逐步发挥社区在生态文明教育体系中开展社区生态文明实践，提升居民生态文明意识的主要作用。2005 年，《国务院关于落实科学发展观加强环境保护的决定》明确表示要把环境保护摆在更加重要的战略位置。鼓励开展环境保护模范城市、绿色社区、绿色学校等创建活动，加强环保人才培养，强化青少年环境教育，开展全民环保科普活动，提高全民保护环境的自觉性。2007 年，党的十七大报告明确提出，把建设生态文明作为我国未来发展的新目标，在全社会牢固树立生态文明观念。[①] 2010 年，环境部印发《2010 年全国环境宣传教育工作要点》，提出要突出宣传生态文明理念，推进全民环境宣传教育工作，指导地方开展好绿色创建活动，加强对未成年人生态环境道德观和价值观教育，大力宣传生态文明的思想内涵、人与自然和谐相处的理念。“生态文明”的提出，标志着人类社会的文明程度进入了新的发展时代。这一时期，生态文明建设在国家发展战略中占据了重要的位置，生态文明教育被提高到国家政治文明发展的高度，在国家政策保障之下，教育任务重点转为培养具有节约资源、绿色消费、保护环境素养的公民，鼓励全国各地开展各种各样的生态文明实践活动，积极倡导在全社会形成生态文明观念。

四　持续发展阶段（2012—2019 年）：生态文明教育持续深入推进

2012 年，党的十八大从新的历史起点出发，首次把生态文明建设纳入中国特色社会主义事业建设之中，将生态文明建设与经济建设、政治建设、文化建设、社会建设相并列，形成中国特色社会主义事业“五位一体”总体布局，生态文明制度体系日趋完善，生态环境保护发生历史性与转折性变化。2015 年，党的十八届五中全会提出创新、协调、绿色、开放、共享的新发展理念。真正要让绿色发展理念、构建人类命运共同体以及绿水青山就是金山银山的理念深入人心，渗透到全体公民日常生活中，离不开生态文明教育的引领。2015 年 5 月，中共中央、国务院发布《关于加快推进

---

① 胡锦涛．高举中国特色社会主义伟大旗帜 为夺取全面建设小康社会新胜利而奋斗——在中国共产党第十七次全国代表大会上的报告［M］．北京：人民出版社，2007：20.

生态文明建设的意见》，强调加强生态文化的宣传教育，提高全社会生态文明意识，把生态文明教育作为素质教育的重要内容，纳入国民教育体系和干部教育培训体系。2015 年 9 月，《生态文明体制改革总体方案》的出台强调增强生态文明体制改革的系统性、整体性、协同性。这两份重要的国家文件的颁布为生态文明教育提供了强有力的政策支撑。

2017 年，习近平总书记在党的十九大报告中系统总结生态文明建设经验，勾勒出新时代中国特色社会主义生态文明建设的理论和实践全貌。与此对应，生态文明教育越加受到重视。党的十九大报告将生态文明建设上升为千年大计，生态文明教育进入了新时代。2017 年教育部发布《中小学德育工作指南》，将“生态文明教育作为立德树人的重要组成部分”。《中国教育现代化 2035》与《加快推进教育现代化实施方案（2018—2022 年）》的出台，为我国积极参与全球教育治理与履行对联合国《2030 年可持续发展议程》的承诺，提供了目标与方向。随着生态文明建设与生态文明教育的深入推进，生态文明教育的实施主体，由政府起主导作用转变为在政府主导之下多主体积极参与。在教育形式上，社会环境、学校教育、家庭教育三维融通，将生态文明教育融入教育的各个阶段，生态文明教育逐渐常态化，逐步形成生态文明终身学习的氛围，为建设学习型社会打下良好基础。

五　深入发展新阶段（2020 年至今）：生态文明教育的跃迁

2021 年 11 月，联合国教科文组织发布《2030 年可持续发展教育路线图》，为深入推进我国生态文明教育，促进可持续发展目标的实现提供了新的目标引领，我国的生态文明建设进入了新的发展阶段。在国家政策方面：2020 年国家发展改革委印发了《美丽中国建设评估指标体系及实施方案》，明确评估指标包括空气清新、水体洁净、土壤安全、生态良好、人居整洁等，分阶段提出 2025 年、2030 年、2035 年的预期目标；2020 年颁布的《中华人民共和国民法典》第九条增加了关于生态环境保护的“绿色原则”；2021 年颁布的《中华人民共和国湿地保护法》总则第一条提出“保障生态安全，促进生态文明建设，实现人与自然和谐共生”。2021 年中共中央、国务院印发的《关于完整准确全面贯彻新发展理念做好碳达峰碳中和工作的意见》既是推动经济社会绿色转型和系统性变革的重要途径，也是人类主动应对气候变化的有效手段；2022 年国务院印发《气象高质量发展纲要（2022—2035 年）》提出了强化应对气候变化科技支撑，开展气候变化对粮食安全、生态安全等影响评估和应对措施研究。

在教育政策方面，2020 年 4 月，教育部办公厅、国家发展改革委办公厅联合印发《绿色学校创建行动方案》，强调建立生态文明教育工作长效机制，开展“中小学结合课堂、专家讲座、实践参观”等生态文明教育实践活动，大学设立生态文明相关课程，根据各教育阶段特点，在教学活动中融入生态文明、绿色发展、资源节约、环境保护等相关知识。2021 年 7 月，教育部印发《高等学校碳中和科技创新行动计划》，与生态文明教育相结合，鼓励高校与科研院所、骨干企业联合设立碳中和专业技术人才培养项目，协同培养各领域各行业高层次碳中和创新人才，为实现“双碳”目标提供科技支撑与人才保障；2022 年，教育部印发的《绿色低碳发展国民教育体系建设实施方案》，以习近平新时代中国特色社会主义思想为指导，全面贯彻党的二十大精神，立足新发展阶段，完整、准确、全面贯彻新发展理念，构建新发展格局，聚焦绿色低碳发展融入国民教育体系各个层次的切入点和关键环节，引导青少年牢固树立绿色低碳发展理念，为实现碳达峰碳中和目标奠定坚实思想和行动基础。新时代新发展阶段对生态文明建设提出了更高要求。“十四五”时期，我国生态文明建设进入了以降碳为重点战略方向、促进经济社会发展全面绿色转型、实现生态环境质量改善由量变到质变的关键时期。同时，以习近平生态文明思想为指导，把生态文明教育融入育人全过程，为生态文明建设提供全方位的人才、智力和精神文化支撑。

第二章　国际可持续发展教育的理念变迁与发展趋势

第一节　可持续发展教育的发展趋势

可持续发展教育是根据可持续发展需要而推行的教育，其目标是帮助受教育者形成可持续发展需要的价值观念、科学知识、学习能力和生活方式，进而促进社会、经济、环境与文化的可持续发展。[①] 1988 年，环境教育经过联合国教科文组织整合成为可持续发展教育，标志着该概念的形成，并且一经形成便引起了国际社会的广泛关注。[②] 在 1992 年召开的联合国环境与发展大会上通过的《21 世纪议程》中明确提出要促进教育，唤起公众的意识和进行培训，指出了可持续发展教育的方向。[③] 首届世界可持续发展大会于 2009 年在德国波恩召开，对 10 年计划进行了中期总结，该会议指出全民教育和可持续发展教育具有相关性，要通过国际交流促进可持续发展教育，尤其是南北交流，需要加强对于可持续发展教育的中期评估，并且制定关于可持续发展教育的未来发展战略。[④] 2014 年在日本名古屋召开可持续发展教育总结大会，得出的结论为教育系统正在参与解决可持续发展问题，行政领导、各利益方的合作、地方政府和研究机构的措施是非常有效的，可持续发展教育帮助学校进行教法和学法的互相促进，并且和正规教

---

① 刘利民．推进可持续发展教育 提高教育质量［M］．北京：教育科学出版社，2011：29.

② 杨尊伟．面向 2030 可持续发展教育目标与中国行动策略［J］．全球教育展望，2019（06）：12-23.

③ 田青，等．环境教育与可持续发展教育联合国会议文件汇编［M］．北京：中国环境科学出版社，2011：59.

④ 联合国教科文组织召开世界可持续发展教育大会［J］．世界教育信息，2009（07）：19-20.

育融合。同时，大会上制定了《全球可持续发展教育行动计划实施路线图》，对于2015—2019年如何推进世界范围内的可持续发展教育进行了总体设计与实施部署，按照文件，国际社会将在政策、学习和培训方式与能力、青年参与等方面推进可持续发展教育。2015年联合国发布《2030年可持续发展议程》，提出了17个可持续发展目标，2021年5月17—19日在德国柏林召开了第三次世界可持续发展教育大会，会议上颁布的《2030年可持续发展教育路线图》，明确提出将可持续发展教育（ESD）和17个可持续发展目标（SDGs）全面整合，指出未来10年可持续发展教育的关键特征、优先行动领域与推进路径。可持续发展教育的目标是在2030年建立一个更加公正和公平的环境，其主要特征为强调可持续发展教育对可持续发展目标实现的作用，聚焦个人行为的变化、社会结构的重组与共融共生以及技术性未来，强调会员国的引领和协作三个方面；同时进一步强调了政策推进、改变学习环境、培养教育工作者能力、赋权青年、加速地方行动五大行动领域。在推进路径上主要强调政策引领，发挥国家治理效能；知行合一，以交流促行动；开展评估，跟踪问题，合理应对；调动资源，实现共建共享；监测进度，关注重点实施领域。①

新冠疫情的全球大规模流行引发的全球经济衰退干扰了《2030年可持续发展议程》提出的17个可持续发展目标的实现，但也使各国更加深刻地认识到可持续发展问题的重要性和紧迫性，关注社会、环境、经济可持续发展问题带来的挑战，共同保护生态环境与人类福祉。建立一个和平、公正和可持续的未来，亟须教育转型。2021年，联合国教科文组织面向全球发布题为《一起重新构想我们的未来：为教育打造新的社会契约》的报告，探讨和展望面向2050年乃至未来的教育。该报告提出：全球疫情冲击、社会经济不平等、气候变化、生物多样性丧失、颠覆性技术的出现，给教育带来严峻挑战，我们的教育必须向受教育者灌输面向整个社会的责任感，帮助学生们接受适应未来的价值观。② 针对当前教育面临的挑战，联合国教科文组织策划的“可持续发展教育2030”在可持续发展教育柏林会议上正

---

① 张婧，王巧玲，史根东．未来10年全球可持续发展教育：整体布局与推进路径［J］．环境教育，2022（11）：52-55.

② 联合国教科文组织．一起重新构想我们的未来：为教育打造新的社会契约［M］．北京：教育科学出版社，2022：19.

式启动，该框架是未来10年实施可持续发展教育的行动指南。因此，可持续发展教育实践是应对全球教育巨大挑战的核心议题，必将影响未来全球教育治理的格局。在各国政府的推动下，可持续发展教育在全球范围内得以广泛开展，但由于各国国情、经济发展水平、教育政策等存在差异，各国可持续发展教育实践呈现出不同的特点。了解可持续发展教育国际发展新趋势能够更好地为我国可持续发展教育决策与实践提供依据和参考，助力我国教育改革与发展。

联合国教科文组织召开的三次世界可持续发展教育大会，发布了《世界可持续发展教育大会波恩宣言》（后文简称《波恩宣言》）（2009）、《全球可持续发展教育行动计划》（2014）、《2030年可持续发展教育路线图》（2021）三个具有时代特色的纲领性文件，在全球范围内产生了极大的影响。各国政府将可持续发展教育纳入其教育政策和工作框架中，旨在使全球学习者都有机会获得促进可持续发展和实现17个可持续发展目标所需的知识、态度、价值观和技能，助力实现社会转型与全球可持续发展。深入分析三次世界可持续发展教育大会关键文件，对于准确把握未来发展方向与规划新时代生态文明教育的创新实践，实现习近平总书记在党的二十大报告中提出的“推动绿色发展，促进人与自然和谐共生”[①] 具有战略性与指导性意义。

一　可持续发展教育的分类词频分析

基于高频词聚类结果，对词频排名前10的词语以词性为基准进行分类统计。从内容上看，三次世界可持续发展教育大会发布文件最高频词为“发展”、“持续”和“教育”。其中“发展”出现频次为799次，“持续”出现频次为749次，“教育”出现频次为712次，这三个高频词与三份文件的主题紧密关联（见图2-1）。除此之外，高频词还包括“组织”“行动”“目标”“联合国”“2030”等，此类高频词的出现也表明了联合国教科文组织致力于更积极地将可持续发展纳入教育发展的目标、行动，以应对全球挑战的决心和使命。

① 习近平．决胜全面建成小康社会 夺取新时代中国特色社会主义伟大胜利——在中国共产党第十九次全国代表大会上的报告［M］．北京：人民出版社，2017：49.

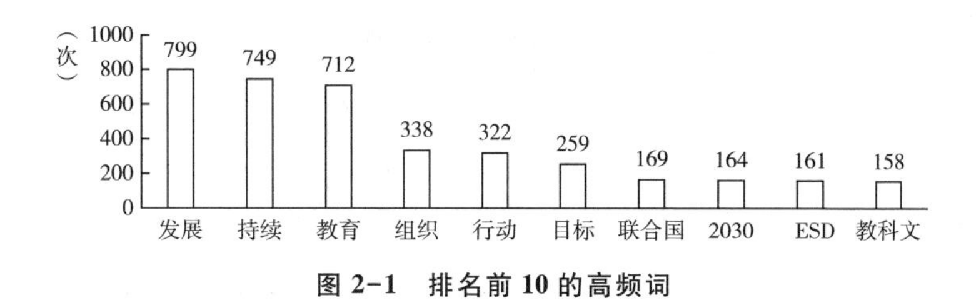

图 2-1　排名前 10 的高频词

三份文件中最高频词以名词、动词和动名词为主，说明文件核心功能定位在于理念的推广和普及，其中也包含一些具体的行动计划和策略。具体来说，在高频名词前 10 名中，最高频的词为“教育”，这是文件中最为关键的内容，表明三份文件重点在于以教育质量、教育公平、教育变革等教育问题的探讨来推动可持续教育的发展。而“组织”“行动”“目标”三个名词的词频也相对较高，说明三份文件重在从组织层面，以可持续发展为共同目标，开展具体行动、工作和计划。此外“全球”“国家”等词语出现频次也较高，表明三份文件对可持续发展教育在国家、全球层面具有较高的战略定位（见表 2-1）。

表 2-1　高频名词前 10 名

单位：次，%

词语	计数	加权百分比	相同或相似词
教育	712	4.00	教训、教育、教育学、培养
组织	338	1.44	方法、管理、结构、框架、形成、指导、组织
行动	322	1.80	活动、行动、移动、运动
目标	259	1.25	地点、地方、目标、目的
工作	216	0.68	操作、地点、地方、地位、工作、功能、局面、立场、利用、路线、努力、使用、位置、行为、行业、形势、职位、职业、职责
领域	196	0.82	地方、地区、范围、领域、区域
计划	164	0.67	方案、规划、计划、目的、设计、项目、意义
全球	151	0.85	全球
学习	148	0.83	观察、学会、学习、研究
国家	135	0.69	国家、基础

从高频动词前10名来看，最高频的词为“发展”“持续”，与名词最高频的“教育”共同组成了三份文件的核心主题——可持续发展教育，“发展”和“持续”也指向了文件的整体持续推进发展的价值取向。此外，“实现”“实施”“需要”“促进”“支持”也是动词出现频次较高的词语。这些词语在一定程度上体现了联合国推进可持续发展教育的具体举措和价值目标——既包含整体的导向作用“需要”“实施”，也包含最终的目标取向“实现”“促进”“支持”。同时，三份文件还包括“优先”的教育发展战略倾向、“取得”的成果目标设定以及“提供”的具体策略等（见表2-2）。

表2-2　高频动词前10名

单位：次，%

词语	计数	加权百分比	相同或相似词
发展	799	4.47	发展、进展、开发、演变
持续	749	4.20	持续
实现	182	0.65	变成、产生、承认、创造、达到、获得、了解、理解、履行、取得、认可、实现、完成、延伸、造成、制造
实施	173	0.78	给予、进行、施行、实施、执行
需要	139	0.75	必须、必要、不得不、不足、没有、缺乏、需求、需要、要求
促进	112	0.48	促进、唤起、加快、加速、上升、提出、提高、提升
支持	110	0.57	帮助、批准、认可、援助、证明、支持
优先	86	0.48	优先
取得	82	0.21	变成、产生、创造、得到、获得、经历、经验、取得、受到、遭受、造成、制造
提供	71	0.37	补充、承认、给予、提供、替代

二　可持续发展教育文件的目标转向

综合三次可持续发展教育大会发布文件可以看出，出现频次最高的三个词语为“教育”“发展”“持续”，这也说明三份文件的目标均围绕教育的持续发展推进。但从词频排序上看存在一定的差异，前两份文件（《波恩宣言》和《全球可持续发展教育行动计划》）高频词排序相同，均为“教育”“发展”“持续”，强调重点围绕教育质量、教育现状、教育问题等，探讨如何可持续地推进教育的发展。而最后一份文件（《2030年可持续发展教育路线图》），“发展”和“持续”成为其关注的重点，该文件重点探讨如何实现教育的发展和持续，而对教育现状的探讨则退居第三。另外，从整体发展来看，一些高频词在三份文件中存在一定的延续、突现和休眠，如“组织”“行动”等高频词在一定程度上出现延续，“草案”“目标”等高频词在一定程度上出现突现，“国家”“计划”等高频词在一定程度上出现休眠（见表2-3）。

表2-3　三次世界可持续发展教育大会发布文件词频排序前15名

《波恩宣言》	《全球可持续发展教育行动计划》	《2030年可持续发展教育路线图》
教育	教育	发展
发展	发展	持续
持续	持续	教育
地方	行动	行动
组织	计划	组织
计划	全球	目标
学习	组织	2030
联合国	草案	ESD
参与	教科文	联合国
知识	领域	教科文
国家	相关	领域
社会	大会	学习
系统	层面	实施
行动	工作	需要
支持	决定	全球

具体来说，从第一届世界可持续发展教育大会发布的《波恩宣言》来看，文件突出“地方”“国家”“参与”“知识”“社会”“系统”，这与第一届世界可持续发展教育大会的价值定位一致，即“将可持续发展的原则、价值和实践融入教育和学习的各个方面”。其中既包括对可持续发展教育的必要性、价值观和理念的声明，也包括对各层面如何开展可持续发展教育具体行动的安排。因此，《波恩宣言》包含如何开展地方、区域和国家的合

作，以有利于尊重文化多样性的可持续发展教育；包含传统知识系统、土著知识系统和地方知识系统对可持续发展教育的重要贡献；包含让高等教育机构和研究网络参与可持续发展教育等具体举措。

从第二届世界可持续发展教育大会发布的《全球可持续发展教育行动计划》来看，该文件突出"行动""计划""草案""工作"等包含如何具体开展工作的词语。这也与此次大会的总体定位相符合。《全球可持续发展教育行动计划》本质上属于草案，规定了联合国可持续发展教育十年计划（2005—2014 年）的后续行动，旨在实现在教育和学习的各个层面与领域行动起来，加快可持续发展进程，因此该文件包含了大量的具体举措与战略重点。

从第三届世界可持续发展教育大会发布的《2030 年可持续发展教育路线图》来看，该阶段的目标从具体操作转变为目标的定位，出现包括"2030""目标"等明确发展方向的词语。也就是说，《2030 年可持续发展教育路线图》旨在重新定位与加强教育和学习以有助于开展可持续发展的所有活动。因此，该阶段重点强调教育对实现可持续发展目标的贡献，以教育为中心来助力可持续发展目标的实现，教育目标成为关注的焦点，全球范围内的展望与目标重构成为主要内容。

第二节　2030 年可持续发展目标与中国实践

一　联合国教科文组织引领全球可持续发展教育实践

可持续发展教育是联合国教科文组织自 20 世纪 90 年代以来持续推进的国际核心教育理念，20 多年来它在完善全球学习者的认知、情感和行为，引导学习者为环境、经济生存能力和社会公平正义做出明智决定和采取负责任的行动方面做出了突出贡献。进入 21 世纪，随着《2030 年可持续发展议程》的发布，可持续发展教育凝心聚力为促进 17 个可持续发展目标的实现而创新实践。2015 年，联合国教科文组织发布了《全球可持续发展教育行动计划》，旨在用教育促进可持续发展，并确定了 5 个优先行动领域。2019 年，联合国教科文组织第四十届大会在巴黎召开，在联合国可持续发展教育十年计划（2005—2014 年）和《全球可持续发展教育行动计划》的经验基础上，为全球可持续发展教育搭建起一个新的框架，即“2030 年可持续发展教育”框架，更加注重教育在实现 17 个可持续发展目标中的重要作用，直接有助于实现关于优质和包容性教育的可持续发展目标 4（SDG4）以及所有其他可持续发展目标，目的是提供以对未来负责为核心的教育。

2021 年，联合国教科文组织正式发布了《2030 年可持续发展教育路线图》成果文件，重点强调教育对实现可持续发展目标的贡献，提出了将可持续发展教育和 17 个可持续发展目标全面整合进国家政策、学习环境、教育工作者能力建设、赋权青年、地方（社区）行动等优先行动领域中，强化全民终身学习、以学习者为中心，号召各国在国家政策的支持下运用全机构模式推进可持续发展教育。2021 年 5 月，联合国教科文组织、德国联邦教育与研究部以及德国联合国教科文组织全国委员会共同在线举办了以“为地球学习，为可持续发展行动”为主题的世界可持续发展教育大会。大会围绕“全体会议：于危机中育新机”“部长级圆桌会议：‘2030 年可持续发展教育’框架”“可持续发展教育对全球挑战提出对策”“可持续发展教育行动”四大单元进行了深入研讨与交流，并通过了《2030 年可持续发展教育柏林宣言》。[①] 联合国教科文组织鼓励各国教育体系向可持续发展教育转变，让世界走上更加公正和可持续的发展道路，全球可持续发展教育理念成为国际共识，各个国家和地区对此积极响应。

二　可持续发展教育的中国实践

（一）可持续发展教育（ESD）项目的中国实践

可持续发展教育（ESD）项目前身是由中国联合国教科文组织全国委员会委托北京教育科学研究院主持的全国环境、人口与可持续发展教育（EPD）项目，该项目初步宣传了关于人口、环境和可持续发展的思想，推进了项目学校中的教学模式创新，通过开展教师培训增强了师生的环保意识。2005 年，联合国可持续发展教育十年计划（2005—2014 年）正式启动，在此背景下，中国的全国环境、人口与可持续发展教育项目过渡到可

---

① 王巧玲，张婧，史根东．联合国教科文组织世界可持续发展教育大会召开——重塑教育使命：为地球学习，为可持续发展行动［J］．上海教育，2021（24）：44-47.

持续发展教育项目，并于2006年初正式更名为中国可持续发展教育项目。[①]随着《2030年可持续发展议程》的发布，中国可持续发展教育项目在北京、上海、香港、广州等地迅速发展。2017年，北京市中关村中学知春分校在原有全国环境、人口与可持续发展教育项目实践基础上，引入中国科学院声学所、中国科学院植物所、北京农学院等优质院所资源，共同研发课程，学校成立的“ESD综合实践团”在老师带领下，从课堂走到户外，将所学知识化作实践行动，师生共同合作，充分利用学校空间打造“雨水花园”这一户外学习场所，在实践中发挥可持续发展教育的作用。2021年，湖南省环境教育与可持续发展研究基地以可持续发展与环境教育为主题，秉持“绿水青山就是金山银山”的理念，服务于“美丽中国”和“绿色湖南”目标，在中小学环境教育师资培养、社会环境教育宣传、区域环境问题研究等方面做出重要贡献。[②] 联合国教科文组织发布的《2030年可持续发展教育路线图》为全球可持续发展教育进一步指明了发展的方向与推进路径。因此，如何将新时代生态文明教育、终身教育理念与可持续发展教育有机融合使之具有中国特色，开启可持续发展教育的新阶段是促进可持续发展教育项目在中国可持续发展的重点之一。

上海浦东新区三林镇社区学校绿色课程是持续性的可持续发展教育项目，2022年，三林镇生态绿色课程之3·22世界水日系列活动之“非遗水滴书签制作”在社区学校展开，不仅将水环境保护宣传融入社区教育之中，还与三林镇非遗文创紧密结合，河道瓷刻、三林标布水滴书签等一系列雅致文创作品的制作体验，在潜移默化中增强了社区居民爱护环境、尊重自然的意识，使其自觉参与到幸福河湖的保护之中。2022年，上海市典型可持续发展教育项目案例“人文行走”活动再次成功举办，开始是在部分社区推行，后逐渐推广至全市。此次活动除一直规划的路线外，还发布了“五个新城”人文行走主题学习路线，涵盖27个学习点，线下行走学习活动采用“3+X”模式，即以线上学习、线下学习以及线上线下相结合三种学习模式为选择，该活动有效挖掘了城市人文学习资源，让市民学习资源更

---

① 何齐宗. 联合国教科文组织教育文献研究：教育理念的视角［M］. 北京：人民出版社，2020：264-265.

② 申秀英. 服务“绿色湖南”，建设“美丽中国”——湖南省环境教育与可持续发展研究基地探索与实践［J］. 环境教育，2021（12）：42-43.

加丰富多元，有助于提升社区文明程度，进一步推动了体验基地与社区教育的对接，增强了市民幸福感和归属感，还提高了许多学员多方面技能[①]，让终身学习成为民生福祉，从而促进人的全面发展和城市可持续发展。从学校到社区，可持续发展教育项目的开展有利于提高学习者和公众对可持续发展目标是什么以及这些目标如何与个人和集体生活相联系的理解，并为学习者提供机会，对不同群体采取行动促进教育的可持续发展，努力解决可持续发展问题，进而实现可持续发展目标。

（二）区域与学校推进

1. 区域生态文明教育与可持续发展教育持续推进

可持续发展教育的推进要结合我国实际情况，以探索各具特色的可持续发展教育区域模式。北京市各区县根据自身特点因地制宜开展区域可持续发展教育实践研究，其主要实施策略可概括为四点：一是可持续发展教育纳入区域教育发展规划；二是区域教育行政主导实施区域整体推进；三是可持续发展教育纳入学校整体发展；四是三级课程整合为可持续发展教育有效载体。基于此，北京市教育委员会发布《北京市中小学可持续发展教育指导纲要》，北京市海淀区、石景山区、昌平区、通州区、房山区、延庆区等也出台或正在研究出台相关的政策。通过多年实践，北京市可持续发展教育取得了显著成效。2015 年石景山区获得“中国可持续发展教育国家实验区”称号。同时，在各方支持下，石景山区先后成功举办了可持续发展教育国家讲习班、北京可持续发展教育国际论坛、亚太可持续发展教育专家会议等，提升了区域教育影响力。此外，天津、上海、海南、云南、湖南等省市也出台了各具特色的生态文明教育政策，全国教育系统出现广泛推进生态文明与可持续发展教育的新形势。[②]

为融入中国特色，以可持续发展教育助力生态文明教育发展，需要加快区域生态文明教育路径重构，其具体实施策略有三：一是区域教育顶层设计重构，生态文明教育理念再提升；二是区域生态文明教育路径重构，

---

① 周徐徐．社区教育“人文行走”实施的现状与策略研究［D］．上海师范大学，2021.

② 张婧．可持续发展教育区域推进策略与实施成效［J］．中国德育，2015（17）：24-28；王巧玲，张婧，史根东．联合国教科文组织世界可持续发展教育大会召开——重塑教育使命：为地球学习，为可持续发展行动［J］．上海教育，2021（24）：44-47.

从被动获得生态文明知识到主动参与绿色社会建设；三是区域教育模式重构，拓展区域生态文明教育全机构实践场域。例如，北京市昌平区、石景山区、房山区等先后印发《区域生态文明与可持续发展教育行动计划》，河北省青龙县发布了《依托劳动实践基地推进可持续发展教育的实施方案》等。[①] 此外，在北京教育科学研究院研究团队的引领下，可持续发展教育与生态文明教育理念已经成为很多区域的共识，许多学校、社区都开展了这方面的教育，生态学习社区以可持续发展与生态文明理念、终身教育与终身学习理念为指导，作为生态社区和学习型社区的有机融合，对向全社会积极推进生态文明教育和可持续发展教育理念具有重要作用。以生态涵养区延庆为例，2019 年世界园艺博览会和 2022 年冬奥会的举办，为该区域的社区生态文明教育提供了新的课程资源。颖泽州社区从 2015 年开始相继研发了知识普及类和素质提升类课程，如“文明礼仪系列”“生态文明”“世园会应知应会”，让传统文化礼仪、绿色环保知识、生态文明意识逐渐浸润到社区居民心中，学习效果显著。[②] 2017 年，上海市青浦区淀山湖小学结合学校特色、区域特色和科普工作重点，提出了“区域特色‘环境教育’校本课程的构建和实施”的科普教育三年行动方案，以环境教育为切入口，在实践中不断调整，从“区域特色‘环境教育’校本课程的构建和实施”到逐步推进实施“绿色阳光教育”，设计了一系列的教育活动，如家庭生活用水情况调查、无水日体验、节水护水小窍门征集、家乡水资源探究活动等。培育师生良好的环境道德观念和行为规范，真正让学校成为师生学习和成长的“阳光绿色家园”[③]，最终实现环境育人、绿色发展。

2. 绿色学校创建活动

绿色学校的创建和发展既是中国环境教育发展进程中的重要标志，也是可持续发展教育和生态文明教育的重要实践活动。生态文明教育和可持续发展教育作为推动实施“2030 年可持续发展目标”的重要手段，其作用

---

① 张婧．新时代区域生态文明教育：路径重构与实施方略［J］．人民教育，2021（06）：44-46.

② 史枫，张婧．新时期生态学习社区：概念内涵、特色构建与推进方略［J］．职教论坛，2020（06）：111-118；张婧，史枫，赵志磊．面向可持续发展目标的生态学习型社区：范式特征与实践路径［J］．北京宣武红旗业余大学学报，2021（01）：12-18.

③ 邹伟．凸显区域生态特色，打造绿色阳光教育——上海市青浦区淀山湖小学生态文明教育纪实［J］．环境教育，2021（09）：80.

不言而喻。绿色学校的创建是加强学校环境教育和推动生态文明建设的重要措施，经过多年发展，我国的绿色学校创建活动已逐渐制度化、规范化、专业化。

2016 年，环境保护部、教育部等六部门联合编制了《全国环境宣传教育工作纲要（2016—2020 年）》。为进一步加强生态环境保护宣传教育工作，增强全社会生态环境保护意识，全面推进生态文明建设，教育行政部门、学校应当将环境保护知识纳入学校教育内容，强调中小学相关课程中加强环境教育内容要求，促进环境保护和生态文明知识进课堂、进教材。加强环境教育师资培训，编写环境教育丛书。积极发挥全国中小学环境教育社会实践基地的作用，组织开展环境教育课外实践活动。2018 年，在生态文明贵阳国际论坛年会专题论坛“生态文明绿色学校”上，教育部学校规划建设发展中心发布《创建中国绿色学校倡议书》，指出强化生态文明教育，将绿色、循环低碳理念融入教育全过程。一系列文件的发布为全国各地有效开展绿色学校的创建活动提供了相应的政策支持。截至 2022 年底，全国已建立各级绿色学校 4 万多所，开展了各式各样的生态环境保护实践活动。以北京市石景山区麻峪小学为例，2018 年该学校组建“环保酵素救地球”绿色社团，老师带领学生搜集资料、跨学科学习，近年来该社团共制作了 3 吨多的酵素。学校将这些酵素广泛应用于制作环保洗涤灵、洗手液，净化教室空气，进行植物养护、预防蚊虫叮咬等。① 2019 年山东省诸城市曹家泊学校开展环保纪念日“五个一”系列教育活动，即“环保一句话、一幅字、一篇文章、一件小制作、一堂环保课”，向全校师生发出了“行动起来，净化我们的家园为保护环境而宣”的倡议，开展“节约资源变废为宝，保护环境、美化校园”活动，有效地增强了学校师生的绿色意识，培养了良好的绿色素养，为顺利建成“绿色学校”奠定了良好的基础。如今，我国的绿色学校创建活动开展得如火如荼，在大、中、小学教育持续健康发展的同时还延伸至幼儿教育、职业教育等其他领域，极大地促进了我国生态文明教育和可持续发展教育的进步。时任教育部副部长的郑富芝在 2021 年第三届世界可持续发展教育大会上指出，中国将“以生态文明教育为重

① 张婧．新时代区域生态文明教育：路径重构与实施方略［J］．人民教育，2021（06）：44-46.

点，将可持续发展教育纳入国家教育事业发展规划”①。未来，中国将持续在生态文明教育和可持续发展教育实践中贡献中国智慧与中国方案。

第三节　可持续发展教育的全球实践

可持续发展教育是联合国教科文组织倡导并在全世界范围内达成国际共识的重要理念，为实现联合国“2030 年可持续发展目标”，以“2030 年可持续发展教育”框架为基础，全球范围内大多数国家与地区都开展了具有本国特色的可持续发展教育实践。自 2014 年世界可持续发展教育大会召开以来，可持续发展教育受到越来越多国家与地区的广泛关注。

一　欧洲的实践

（一）瑞典的实践

瑞典对可持续发展教育非常重视，最主要的就是“生态学校计划”和“绿色学校奖计划”，“绿色学校奖计划”后改名为“可持续学校奖计划”。瑞典可持续发展教育的重要实施路径之一就是通过户外课程培养中小学生的可持续发展意识，如教师会带领学生在学校附近的公园里观察各种植物，将观察记录到的花朵或其他植物向全班汇报，还会在教师的带领下去湖边打捞水生生物，作为研究样本，开展合作学习等。在“生态学校计划”和“可持续学校奖计划”的推动下，瑞典不是将可持续发展教育设立为一门单独的课程，而是使其渗透进每一门学科之中，潜移默化地使学生接触和树立可持续发展理念，并进行相应的可持续发展实践活动。②

（二）英国的实践

2022 年 4 月，英国教育部发布了《可持续发展与气候变化教育战略》，延续 2006 年英国政府提出的“可持续学校计划”，致力于通过教育为儿童

---

① 史根东．为美丽中国奠基：生态文明-可持续发展教育的涵义解读与素养分解［J］．可持续发展经济导刊，2021（Z2）：63-66.

② 张婧．瑞典中小学可持续发展教育的实施路径及其对我国开展生态文明教育的启示［J］．世界教育信息，2019（17）：68-72.

与青少年提供应对可持续发展与气候变化等问题所需的知识、技能，以教育赋能可持续发展。打造国家教育自然公园，使儿童与青少年能够融入自然世界，直接参与评估和改善其所在的幼儿园、中小学或大学的生物多样性情况，加强自身与自然的联系，增加对物种的了解等。此外，还提出颁发“气候领导者奖”表彰在可持续发展领域表现突出或做出贡献的教育者、儿童与青少年等，希望激励所有年轻人与其所在的环境保持联系，参与到保护生物多样性的进程之中，感受以实际的积极行动提升可持续发展的力量。[①] 2022 年，爱尔兰发布《2030 国家可持续发展教育战略》，依据联合国教科文组织搭建的“2030 年可持续发展教育”框架，提出了爱尔兰的 5 个关键优先领域，即推进政策、改变学习环境、教育工作者的能力建设、赋权和动员青年人、加速地方层面的行动，加快将爱尔兰教育延伸到地方社区，以及通过终身学习与青年团体接触。[②]

（三）芬兰的实践

在芬兰人眼中，教育和培训的根本任务就是确保所有公民能够具备相关的知识、技能、意愿、视野，使他们能够参与公平和可持续发展未来的建设并且践行可持续的生活方式。在 2006 年发布的《芬兰国家可持续发展教育与培训计划》当中，芬兰教育部同芬兰国家可持续发展委员会共同提出，芬兰致力于通过可持续发展教育实现以下目标：提高人们对于人类健康与社会、经济、环境之间关系的理解；促进人们对于自身文化遗产的理解和认同，促进不同的文化、群体之间的信任，增进公平和正义；同时发展人们的跨文化交流和国际交往能力；帮助人们学会应对未来环境、社会等方面的变化、后果以及一系列连锁反应并为之做好准备；帮助人们践行可持续生活方式，提高人们参与可持续发展社会变革的意愿；提高人们参与可持续发展未来决策的能力及动机，使之成为社区和社会变革的重要一员；以可持续发展视角，为职业教育的不同领域提供相应的职业技能，为

---

① 赵婷．适应气候变化，教育在行动 英国出台《可持续发展与气候变化教育战略》[J]．上海教育，2022（32）：52-55.

② 董伊苇．爱尔兰发布《2030 国家可持续发展教育战略》[J]．小学教学（数学版），2022（12）：35.

社会产业各个分支都能够朝向更加可持续的方向发展创造先决条件。[①]

芬兰教育部门认为，在生态、经济和社会以及文化的共有基础上建设一个可持续发展的未来，培养可持续发展能力需要具备：整体感知和理解事物的能力；广泛的知识基础，包括社会、贸易、工业以及自然环境相关领域，知晓各个社会系统是如何运作的、相关决策是如何做出的，以及公民有哪些机会去影响公共决策；有能力和勇气来批判性地评估当前的社会和生活实践，并有能力来改变私人生活、教育机构、公共事务、工作和空闲时间环境中的实践；洞察变革的能力，以及为国家与全球平等和福祉有所担当的道德和责任；信息获取、问题解决、沟通、批判性思维和创新思维，以及在协调不同利益和处理冲突等方面具备相应的能力；等等。因此，芬兰国家教育委员会将跨课程协作或者跨学科学习作为芬兰全国基础教育进行可持续发展教育的重要途径。

2005 年，在启动联合国可持续发展教育十年计划（2005—2014 年）之际，芬兰发布《芬兰可持续发展教育国家行动计划》，芬兰中级以及中高级职业教育国家核心课程和基础教育国家核心课程均将可持续发展教育作为一项重要内容，通过交叉性的跨学科主题学习推进，并在基础教育国家核心课程中，贯彻七大“横贯能力”的培养，这七大“横贯能力”包括：思考和学会学习的能力，文化、交流与表达的能力，照顾自我、经营与管理日常生活的能力，多元识读能力，ICT 相关能力，工作生活与创业的能力，参与、影响和构建可持续发展未来的能力。可见，芬兰七大“横贯能力”的核心就是可持续发展的跨领域能力。

芬兰可持续发展教育的时间、空间、资源以及师资整合异常强大，这源于芬兰各个地区的利益相关者能够主动寻求合作关系，如地方政府、日托中心、企业、学校、博物馆、教育机构等自主进行多种形式的合作，包括线下的人力物力资源整合，以及利用线上新技术，使学习资源和学习环境进一步衍生和扩大化，成功地将学习环境扩展到校外，是芬兰可持续发展教育的一个重要经验。每一个行政区域、每一个参与者都能够确保构建

---

① Finnish National Commission on Sustainable Development, Sub-committee for Education, Strategy for Education and Training for Sustainable Development and Implementation Plan (2006 - 2014) [R].

成功的伙伴关系并推广，进而发展为新的合作模式。芬兰教育部开展国家级的数学和科学教育发展项目（LUMA），旨在改进跨学科（科学、技术、工程、数学）教育实践和增强学生对这些学科的学习兴趣。国家级的数学和科学教育发展项目中心是芬兰进行跨学科学习的重要场所，旨在促进和支持从幼儿园到大学所有层次的教育机构、工商企业部门、教育行政部门、博物馆、科技中心、教师组织、媒体、学生、家长及其他任何相关组织和个体，围绕科学、技术、工程、数学（STEM）教育开展国内及国际合作，实现不同资源占有者的协作，实现专业资源共享，构建一个基于跨学科的学习社群，为3—19岁儿童和青少年进行跨学科学习提供专业支持，打造学校—社会跨学科学习共同体。

（四）德国的实践

2017年，时任德国总理的安格拉·默克尔（Angela Merkel）指出，距离商定的《2030年可持续发展议程》最后期限还有不到5000天，每个人都必须付出努力以实现重大进步。2021年，时任联邦教育部长的安雅·卡利泽科（Anja Karliczek）再次强调，教育促进可持续发展是应对气候变化、大流行病、不平等和资源匮乏等全球挑战的关键。因此，教育系统的任务是使未来的几代人从一开始便具备适应一个不确定的、日益迅速变化的世界的能力。为此，需要在地方、国家和全球层面上，以更多的合作形式寻找未来可持续发展关键问题的答案。

可持续发展教育既是一个终身学习的过程，也是优质教育的一个组成部分，它具有全面性和变革性，既包括学习内容和成果，也包括教学方式和方法，还包括学习和教学环境本身。德国根据《2030年可持续发展议程》，实施可持续发展教育，目的是在整个教育系统中落实可持续发展教育。由于联邦各州的主权，德国没有在学校实施统一的准则，而是由16个联邦州的教育部长在各州教育和文化事务部长常设会议（Kultusministerkonferenz）上商定一个准则，然后根据各个联邦州的框架条件来实施该准则。早在1980年就通过了第一批以“环境与教育”为主题的决议。2007年6月，德国各州教育和文化事务部长常设会议提出了两项关于可持续发展教育的决定性倡议：一方面，它与联合国教科文组织德国委员会共同通过了一项关于“学校可持续发展教育”的建议，其目的是促进年轻人在课堂上了解全球化、经济发展、消费、环境污染、人口发展、健康和社会状况之间的复杂关系；另一方面，德国各州教育和文化事务部长常设会议提出了一个全面的“全球发展教育方向框架”，该框架是与联邦经济合作与发展部共同制定的，可以作为制定课程的基础，提供具体建议并提供教学材料。作为激励措施，德国联邦教育和研究部（BMBF）与联合国教科文组织德国委员会将会为成功的项目颁发各种奖项。在2005年至2014年，德国联邦教育和研究部与联合国教科文组织德国委员会为德国近2000个项目颁发了奖项，自2016年以来，共颁发了392个可持续发展教育奖。此外，德国一直参与联合国欧洲经济委员会（UNECE）的可持续发展教育活动。德国尤其致力于实施《巴黎气候协定》，包括2017年在波恩举行的第二十三届联合国气候变化大会，德国提升了可持续发展教育在教育日等各种活动框架内的重要地位。2020年和2021年，德国支持制定《多哈气候赋权行动工作计划》的后续方案，并倡导在《联合国气候变化框架公约》的未来教育计划中与可持续发展教育产生协同作用。

二　东亚地区：日本的实践

日本作为可持续发展教育理念在国内有效推动的国家之一，在推动可持续发展教育实践中充分融入本国特色，在组织机制、课程设置、教师培训和教学项目创新等方面致力于本土化融合，形成了可持续发展教育的日本模式。[①] 日本政府重视通过联合国教科文组织的相关项目推动可持续发展教育，2014年，“可持续发展教育十年全球性会议”在日本召开，开启新一轮全球可持续发展教育行动计划。因此，日本在联合国教科文组织诸多可持续发展项目的推进中发挥着主导作用。其特点如下。

一是基于可持续发展目标与可持续发展核心素养的整体设计。日本未来教育变革总体方案和关键行动聚焦“可持续发展目标”，提出通过促进社会绿色转型应对诸多全球挑战。日本文部科学省提出教育应促进环境、能源、气候变化、防灾减灾、生物多样性、海洋、文化多样性、文化遗产、

---

① 张婧．日本可持续发展教育实践：特点与启示——基于案例的研究［J］．教育科学，2018（03）：82-87；苑大勇，王煦．从国际理念到本土实践：可持续发展教育的“日本模式”解析［J］．比较教育研究，2023（02）：86-95.

国际理解、可持续消费、人权、性别平等、和平、福祉等主题可持续发展目标的落实，使受教育者思考由于人类开发活动引发的诸多现代社会性问题，通过思维方式的变革，促进价值观与行为等的改变，实现社会、环境、经济的一体化发展。针对未来人才培养的核心要素，日本国立教育政策研究所提出了可持续发展核心素养框架，确定了批判性思考、预测未来并制定计划、综合性思考和沟通交流这四种能力，与他人合作、尊重联系和主动参与的三种态度。①

二是可持续发展教育系统融入国家课程体系。日本文部科学省非常重视将可持续发展教育培养目标融入中小学课程，并贯穿在学习指导要领中，可持续发展教育在国语、理工、美工、音乐、保健、道德等多门课程中均有体现。同时，随着日本经济与社会高速发展所带来的新的问题，加之世界自然环境改变所衍生出的新的课题，多次修订中小学学习指导要领，将可持续发展前沿性知识内容纳入中小学课程之中。2008 年 3 月，日本文部科学省修订公布了《幼稚园教育要领以及小学校・中学校的学习指导要领》，2009 年 3 月，修订公布了《高等学校的学习指导要领》，并拟于 2011 年开始正式全面实施新课标。新的学习指导要领将教育构建可持续性社会的观点融入各个学科中，并拓展了可持续发展教育的内涵。在实施中，日本侧重的是"在环境中的教育"和"为了环境的教育"，而不是"关于环境的教育"，这种教育理念又被称为"体验式环境学习"。同时，日本重视跨学科课程的整体设计。日本学校越来越广泛地使用一种名为"可持续发展教育日历"的独特教学方法，即将每一个课程全年的计划列出，同时列出每一个课程如何与其他课程产生联系，以促进可持续发展教育活动的开展。②

在可持续发展教育实施过程中，日本形成了政府、地方、学校、企业、社区、NGO/NPO 组织以及市民参与的教育网络体系，得到了多方利益相关者的支持与配合。第一，相关行政部门的支持。内阁官房、外务省、文部科学省、环境省、内阁府、总务省、农林水产省、经济产业省、国土交通

---

① 苑大勇，王煦．从国际理念到本土实践：可持续发展教育的"日本模式"解析［J］．比较教育研究，2023（02）：88.

② 市濑智纪．日本可持续发展教育实践和教育质量［J］．世界教育信息，2015（05）：42-43.

省、法务省以及厚生劳动省等多部委通力合作，制定教育计划，协调各方资源系统统筹可持续发展教育实施。《教育振兴基本计划》作为中长期的教育发展规划，将可持续发展作为教育的一项基本目标，指出社会、经济、环境的可持续发展都是教育应该考虑的重要方面。第二，当地民众组织和非营利组织的支持。这些组织致力于自然环境保护、当地社区自然文化遗产的继承、国际支持和交流项目，为当地社区活动和社会实践提供支持与指导。第三，社区的支持。社区利用社区环保示范餐厅、自然博物馆、屋顶花园等为成年人提供学习基地，同时为学校的可持续发展教育提供基地保障与支持。第四，各地区大学、研究机构与中小学结为合作伙伴，在课题研究、可持续发展教育课程建设等方面亲密合作。①

三　北美地区的实践

北美地区的可持续发展教育以加拿大最为典型。② 为回应《全球可持续发展教育行动计划》，加拿大教育部门将可持续发展教育列入“学习型加拿大 2020”（Learn Canada 2020）计划，并将其作为实现 2020 年教育蓝图的一项关键内容，旨在增强学生的可持续发展意识，鼓励他们积极参与构建可持续发展社会。目前，可持续发展已经融入普通教育、特殊教育及信息教育，安大略省、曼尼托巴省也分别出台了区域推进可持续发展教育的政策文件。加拿大约克大学成立了“学习促进可持续发展的未来”中心，其职责主要包括：提出教育政策、标准和优秀实践；开展教师能力培训；成立可持续发展社会团体，使教育与行动联系起来，推动学生参与项目；支持主动的合作、网络建设、创新项目等。该中心通过基于当地环境的学习、经历完整的学习过程、基于行动的学习、与真实的情境与问题相联系、考虑不同的视角、提出质疑、合作学习七项教学策略推动环境与可持续发展教育以及公民教育。依据加拿大相关教育大纲，结合能源、气候变化等可持续发展议题，该中心还编制了科普指导手册与课程指导纲要，特别是从素养培育角度提出了不同学段、不同主题的教学内容要点与教育教学指导

---

① 张婧．日本可持续发展教育实践：特点与启示——基于案例的研究［J］．教育科学，2018（03）：82-87.

② 王鹏．北美地区可持续发展教育的特点及启示——以加拿大安大略省和美国印第安纳州为例［J］．世界教育信息，2019（02）：36-39.

建议。此外，该中心与加拿大各地区教育部门都有广泛的联系，并重点开展可持续发展教育教师培训和课程资源库建设。

北美地区可持续发展教育有以下三个特色。

一是以户外教育项目鼓励学生在自然中进行体验式学习。以户外教育项目鼓励学生在自然中进行体验式学习，使其学会如何克服逆境、如何与自然环境建立更深入的联系。北美地区户外教育发展较早、水平较高，户外课程、户外夏令营、户外学校使学生能够接触到最真实的自然。

二是建筑行业重视节能环保，注重细节设计。“绿色建筑”“生态建筑”“可持续发展设计”等概念在北美地区建筑行业已成为一种趋势，运用最新的节能环保手段和技术能够使建筑体现出人与环境和谐相处之道，提升建筑的整体节能与环保性能，使其成为兼具生态效益、社会效益和经济效益的工程。

三是教育促进可持续发展成为学校和企业的社会责任。保护环境是学校和企业社会责任的重要内容，笔者到访的学校与相关机构均能自觉考虑自身行为对自然环境的影响，并力所能及地将自身对环境的负面影响降至最低，通过教育促使当地公众增强可持续发展意识，进而促进社会的可持续发展。

四　非洲的实践

2021 年，以联合国提出的“可持续发展始于教师”（Sustainability Starts with Teachers，SST）计划为基础，依据非洲地区实际发展情况，联合国教科文组织在 11 个南共体国家实施 SST 计划，致力于促进该区域教师和教育工作者可持续发展教育的能力建设，帮助他们更好地应对区域可持续发展的挑战以及实现全球可持续发展的目标。博茨瓦纳索洛维学院的教师培训师提出了“用垃圾制作教材”的项目；纳米比亚大学开展了“废物管理生态箱”项目；津巴布韦玛丽蒙特师范学院将“回收、再利用和减少浪费”（Recycling，Reusing and Reducing Waste，3Rs）原则纳入教师教育课程中，同时与社区联动，定期开办工作坊，鼓励师生动手改造废弃物并进行经验交流和分享，提升了师生对环境可持续发展理念的认知。[①]

---

① 梁小雨．联合国推出“可持续发展始于教师”在线课程［J］．上海教育，2022（02）：50-51.

此外，还有许多国家和地区在可持续发展教育方面做出所需改革，可持续发展教育是对各国教育体系的补充和完善，可持续发展教育理念已成为全球共识，以教育助推可持续发展理念融入我们的日常生活，可以帮助我们形成可持续的生活方式和可持续发展的价值观，完成从“责任意识”到“行动意识”的转变。

第三章　新时代生态文明教育的发展趋势

生态文明是实现人与自然、人与人、人与社会和谐共处、良性循环、全面发展、可持续繁荣的文明形态，是人类文明继工业文明之后的新的文明形态，同时也是人类文明发展的历史趋势。本章主要对生态文明教育的发展趋势进行深入探究，主要涵盖生态文明教育政策演进逻辑与发展趋势、理论发展趋势、新时代生态文明教育在基础教育课程中的创新发展。生态文明教育政策演进逻辑与发展趋势方面主要包括：生态文明教育一体化实施政策融入国家、区域可持续发展；融入“立德树人+全民终身学习”体系，培育生态公民；生态文明等主题教育融入课程教材、融入教育现代化全过程。理论发展趋势是从宏观、中观与微观三个层面阐述生态文明教育的三维构想。新时代生态文明教育在基础教育课程中的创新发展则包括一体化实施生态文明教育，与 17 个可持续发展目标相关的课程体系构建，“绿色学校+智慧学校”创新与实践，“生态学习社区+生态学习共同体”建设等。面向未来，生态文明教育的实施路径呈现融合发展、全机构实施、智慧互联生态学习共同体、全球协作建设人类命运共同体等新时代多维创新特点。

第一节　生态文明教育政策演进逻辑与发展趋势

我国生态文明教育经历了环境教育、可持续发展教育以及生态文明教育的不同发展时期，不同阶段政策的探索和推进为生态文明教育的理论研究和实践探索提供了重要的方向性引领。

一 新时代中国生态文明教育政策的特色

21世纪的第三个十年，既是实现2030年可持续发展目标的关键时间节点，亦是中国生态文明教育向纵深发展的跃迁阶段。近年来，我国政府在政策层面更加关注“双碳”教育与可持续发展教育，关注生态文明教育政策的全民性与行动性。

（一）聚力“双碳”目标：凸显全民终身学习，建设美丽中国

2020年9月，习近平主席在第七十五届联合国大会一般性辩论上的讲话中宣布了中国的“双碳”目标，即二氧化碳排放力争于2030年前达到峰值，努力争取2060年前实现碳中和。[①] “双碳”这一重大战略目标的提出，不仅关系中华民族的永续发展，还事关构建人类命运共同体。随后，国家发布《中华人民共和国国民经济和社会发展第十四个五年规划和2035年远景目标纲要》，将“生态环境根本好转，美丽中国建设目标基本实现”[②] 确定为2035年远景目标之一。生态文明教育在实现“美丽中国”建设目标中，发挥着基础且重要的作用，迫切需要青少年以及广大社会公民共同增强生态文明意识、践行生态文明行为，助力美丽中国建设。2021年1月，教育部、生态环境部等六部门联合发布《“美丽中国，我是行动者”提升公民生态文明意识行动计划（2021—2025年）》，对全社会各行各业、各个领域构建生态环境治理行动体系提出具体行动建议，并把“加强生态文明教育，夯实美丽中国建设基础”作为建设美丽中国的主要任务之一。该行动计划明确提出“推进生态文明学校教育。将生态文明教育纳入国民教育体系……有力推动全民生态文明教育工作，逐步形成全社会参与生态文明建设的良好局面”。同时还提出要“加强生态文明社会教育。加强生态环境法律宣传教育，引导公众增强环保意识，依法加强生态文明建设。推进生态文明教育进家庭、进社区、进工厂、进机关、进农村……提升各类人群的

① 十九大以来重要文献选编（中）[M]. 北京：中央文献出版社，2021：712.

② 中华人民共和国国民经济和社会发展第十四个五年规划和2035年远景目标纲要［M］. 北京：人民出版社，2021：8.

生态文明意识和环保科学素养”。①

2021年9月，中共中央、国务院印发《关于完整准确全面贯彻新发展理念做好碳达峰碳中和工作的意见》，提出“把绿色低碳发展纳入国民教育体系”②。2021年10月，国务院印发《2030年前碳达峰行动方案》，将“绿色低碳全民行动”作为“碳达峰十大行动”之一，再度要求“将生态文明教育纳入国民教育体系”，“增强社会公众绿色低碳意识，推动生态文明理念更加深入人心”③。这两个文件要求把绿色低碳发展、生态文明教育全面融入国民教育体系的各个层次和各个领域，凸显了全民终身学习理念与行动，不仅为我国生态文明建设奠定了人才基础、智力基础、社会文化和价值观基础，还为教育事业的发展提供了新的发展动力和方向。

（二）凸显教育一体化：绿色低碳发展纳入国民教育体系

2022年10月，党的二十大报告提出“中国式现代化是人与自然和谐共生的现代化”④。2022年10月，教育部印发《绿色低碳发展国民教育体系建设实施方案》。该方案明确提出未来几年构建生态文明国民教育体系的战略性目标是：“到2025年，绿色低碳生活理念与绿色低碳发展规范在大中小学普及传播，绿色低碳理念进入大中小学教育体系；有关高校初步构建起碳达峰碳中和相关学科专业体系，科技创新能力和创新人才培养水平明显提升。到2030年，实现学生绿色低碳生活方式及行为习惯的系统养成与发展，形成较为完善的多层次绿色低碳理念育人体系并贯通青少年成长全过程，形成一批具有国际影响力和权威性的碳达峰碳中和一流学科专业和研究机构。”该方案提出要以“理念建构和习惯养成为重点”，“聚焦绿色低碳发展融入国民教育体系各个层次的切入点和关键环节，采取有针对性的举

---

① 关于印发《“美丽中国，我是行动者”提升公民生态文明意识行动计划（2021—2025年）》的通知［DB/OL］.（2021-01-29）［2024-02-28］. https://www.mee.gov.cn/xxgk2018/xxgk/xxgk03/202102/t20210223_822116.html.

② 中共中央 国务院关于完整准确全面贯彻新发展理念做好碳达峰碳中和工作的意见［DB/OL］.（2021-10-24）［2024-02-28］. https://news.cri.cn/20211024/8455c1c3-c84b-190e-3a0d-9878154ae9e3.html.

③ 国务院关于印发2030年前碳达峰行动方案的通知［DB/OL］.（2021-10-24）［2024-02-28］. http://www.gov.cn/zhengce/content/2021-10/26/content_5644984.htm.

④ 习近平. 高举中国特色社会主义伟大旗帜 为全面建设社会主义现代化国家而团结奋斗——在中国共产党第二十次全国代表大会上的报告［M］. 北京：人民出版社，2022：23.

措，构建特色鲜明、上下衔接、内容丰富的绿色低碳发展国民教育体系，引导青少年牢固树立绿色低碳发展理念，为实现碳达峰碳中和目标奠定坚实思想和行动基础”[①]。该方案还提出全程育人、开放融合等推进原则，对教育系统内部大中小幼以及职业教育一体化融合、教师生态文明能力建设、学科建设、教育教学活动等以及教育系统与社会系统的交互合作、构建全民生态文明教育体系提出指导性建议。《绿色低碳发展国民教育体系建设实施方案》的出台，为我国未来如何进行生态文明教育一体化建设指明了方向。

（三）“互联网+生态文明”教育：深度推进互联网与生态文明教育融合

在信息化高速发展的今天，传统教育模式已难以适应新的生态文明教育要求与教学任务。“互联网+生态文明”教育不是简单的两者相加，而是利用信息通信技术以及互联网平台，让互联网与生态文明教育深度融合，创造新的发展生态，充分发挥互联网在资源配置中的优化和集成作用，将互联网的创新成果深度融入其中，提升生态文明教育的创新力和生产力，形成更广泛的以互联网为基础设施和实现工具的生态文明教育新形态。

由于生态环境问题的复杂性和多重性，生态文明教育更应该打破学科的界限，从通识教育出发，加强对受众的整体性与持续性教育。学生的学习可以在课堂上，更可以在课堂外，打造更多更为丰富的学习空间，生态校园能够为学生的环境教育提供新鲜的内容和素材，让学生在校园生活中多感官地接触环境，培养学生的生态思维和生态价值观。[②] 深度推进互联网与生态文明建设融合，利用大数据、人工智能等技术，支持多种学习方式的开展，助力培养学生在数字信息空间的理性精神和环境意识。2016 年国家发展改革委办公厅印发《“互联网+”绿色生态三年行动实施方案》[③]，在智能监测、智慧环保等方面加大力度，实现“互联网+生态文明”，为美丽

① 教育部关于印发《绿色低碳发展国民教育体系建设实施方案》的通知［DB/OL］.（2022-10-31）［2024-04-02］. http://www.moe.gov.cn/srcsite/A03/moe_1892/moe_630/202211/t20221108_979321.html.

② 沈欣忆，张婧，吴健伟，等．新时期学生生态文明素养培育现状和发展对策研究——以首都中小学学生为例［J］. 中国电化教育，2020（06）：45-51.

③ 发展改革委印发《“互联网+”绿色生态三年行动实施方案》［DB/OL］.（2016-01-21）［2024-04-02］. https://www.gov.cn/xinwen/2016-01/21/content_5035064.htm.

中国建设装上智慧大脑，“互联网+”已然成为生态文明建设的大背景和大基调。中华人民共和国国务院新闻办公室 2023 年发布《新时代的中国绿色发展》白皮书，提出要系统推进生态文明宣传教育，倡导推动全社会牢固树立和养成勤俭节约的消费理念和生活习惯。[①] 持续开展全国节能宣传周、生物多样性日、世界地球日等主题宣传活动，通过线上线下相结合的方式积极引导和动员全社会参与绿色发展，通过“互联网+生态文明”教育实践范式推动生态文明教育在各个层面落地生根。

二　中国生态文明教育政策的演进特点与未来图景

我国生态文明教育政策，从环境教育到可持续发展教育再到生态文明教育，经历了 50 年的发展历程，从党和国家对于生态治理意识的萌芽，到成为指引国家和民族发展与复兴的战略性指导思想，意味着党和国家社会治理具有全局性和前瞻性。生态文明教育政策随着国际和国家社会经济与环境发展实际而不断发展和更新，才使得生态文明教育有法可依、有迹可循，才使得生态文明教育迎来全面纳入国民教育体系的新的历史阶段。面向未来，中国生态文明教育政策的发展与趋势主要有以下三个特点。

（一）更加突出“人”的主体地位，注重价值观教育与生态素养培育

生态文明建设在根本上是需要“人”这样一个类主体不断发挥主观能动性，对人与自然关系、人与人关系、人与自我关系进行积极主动改造而实现的。人类的生产生活行为是造成生态问题的根本原因，而人也是实现生态文明建设的根本动力和基础保障，能够主动实现人与自然的和谐发展。生态文明建设要求教育实现面向可持续发展、生态文明、绿色低碳的变革。创造生态文明和可持续发展的未来，需要通过教育的改革创新来培养学习者应对当下和未来各种挑战的可持续发展素养。从世界范围来看，教育对于促进可持续发展的关键作用不断得到重申，国际社会也普遍认识到教育能够也必须有助于成就一个新的可持续全球发展愿景。因为教育能够使个

---

① 中华人民共和国国务院新闻办公室．《新时代的中国绿色发展》白皮书［DB/OL］.（2023-01-19）［2024-04-02］. http：//www. scio. gov. cn/zfbps/zfbps_2279/202303/t20230320_707649. html.

人成为可持续发展的变革者。因此，我国生态文明政策落实在教育领域并不断完善政策体系，就是对“人”这一类主体地位的凸显。

2018年，习近平总书记在全国生态环境保护大会上提出，要“加快构建生态文明体系。加快解决历史交汇期的生态环境问题，必须加快建立健全以生态价值观念为准则的生态文化体系”[①]，确保生态文明建设力度全面提升。以生态价值观念为准则的生态文化体系是构建我国生态文明体系的重要组成部分。文化的核心是价值观，生态文明建设的灵魂是生态文化，其核心是生态价值观念。而生态价值观念是正确处理人与自然关系，倡导人与自然和谐可持续发展的一种思想意识形态，是对过去“以自然为中心”和“以人类为中心”两种极端价值观进行的重新审视、总结和反思，既是生态文明建设的重要文化内核，也是生态文明教育的重要价值观导向。

面向未来，我国生态文明教育要做到以下两点。一是以价值观教育为基本遵循，将内在价值观全方位地渗透到教育中，以此来促进观念的改变、行为习惯的改变，包括政府的决策行为和公民的行动，即人们的生产方式和生活方式。特别是引导受教育者树立以“尊重”为核心的价值观，摆脱“以人类为中心”价值观，即引导受教育者树立尊重自然、保护资源和环境、实现人与自然和谐共生的可持续发展价值观。二是聚焦受教育者生态文明素养提升，培育新时代生态公民。生态文明素养指适应生态文明建设需要的价值认知、必备知识、关键能力与行为方式的整合，它既是学生核心素养的重要组成部分，也是生态文明教育的关键特质。新时代生态文明教育在政策引领下，逐渐从知识本位转变为人的全面发展，不仅要求受教育者掌握与生态环境资源相关的科学知识，还要求受教育者树立并养成一定的生态价值观、生态意识与生态行为，形成未来教育培养人才的核心素养。因此，坚持育人为本、德育为先原则，把生态文明教育作为立德树人的重要方面，以《中小学德育工作指南》《关于进一步加强新时代中小学思政课建设的意见》《关于加强新时代中小学科学教育工作的意见》为基本遵循，注重幼小衔接，多层次、多形式、全方位开展生态文明教育，凸显科学教育，创新教学方法，通过项目式学习、研究性学习等方法，融合数字

---

① 全面建成小康社会重要文献选编（下）［M］. 北京：人民出版社、新华出版社，2022：1049.

信息技术，常态化开展生态文明主题教育，培育学习者的核心素养与生态文明素养，进而助力人与自然和谐共生的现代化目标早日实现。

（二）从单一实践到全领域融入教育思想，促进优质教育可持续发展

从教育部办公厅等四部门发布《关于在中小学落实习近平生态文明思想、增强生态环境意识的通知》提出“在相关学科教学、课内课外活动以及学校管理各个环节中充分体现勤俭节约、绿色低碳消费，使学生切实增强生态环境意识、提高生态环境保护能力，把学习实践习近平生态文明思想化为学生自觉行为”[①]，再到《关于完整准确全面贯彻新发展理念做好碳达峰碳中和工作的意见》《2030年前碳达峰行动方案》等相关文件明确要求将生态文明教育融入国民教育体系。这意味着，生态文明思想应该在以核心素养为指引的育人目标指导下，全面融入学校的办学思想、管理思想、课程体系、教育和学习内容、考试评价标准、校内外实践活动、教师能力建设、校园文化及环境建设等方方面面，以“全机构法”推进生态文明建设。从过去环境教育、可持续发展教育理念的沿革来看，“全机构法”或者“整体推进法”是促进教育系统迈向可持续发展未来进行自我变革、提高教育质量的重要实践路径。生态文明教育全面融入国民教育体系，一定也需要从上至下、从宏观到微观各个层级的全面渗透，进而成为教育事业发展的重要指导思想。

联合国教科文组织发布的《一起重新构想我们的未来：为教育打造新的社会契约》指出，课程应注重生态、跨文化和跨学科学习，以帮助学习者获取和创造知识，同时培养其批判和应用知识的能力。[②]《义务教育课程方案和课程标准（2022年版）》规定各学科设置不低于10%的“跨学科主题学习活动”，增强课程的综合性与实践性，强化学科之间的关联。面向未来，我们需要探索新的教学模式与育人模式，进一步强化生态文明教育“跨学科学习”，打通国家学科课程与综合实践课程、校本课程，将学科知

---

① 教育部办公厅等四部门关于在中小学落实习近平生态文明思想、增强生态环境意识的通知［EB/OL］.（2019-10-23）［2024-02-28］. http：//www.moe.gov.cn/srcsite/A26/s7054/201910/t20191022_404746.html.

② 联合国教科文组织．一起重新构想我们的未来：为教育打造新的社会契约［M］. 北京：教育科学出版社，2022：4.

识与校外的社会生活实践相结合。依托区域特色学习资源特征进行整合与创新，组成生态经济、生态文化、生态环境、生态科技等多个生态文明教育跨学科模块，从“双碳”目标、气候变化等视角开展跨学科实践，持续培育学生的创新素养与生态文明素养。同时，对标2030年可持续发展目标，认真学习《习近平生态文明思想学习纲要》，坚持育人为本、德育为先，把生态文明教育作为立德树人的重要方面，以《中小学德育工作指南》《关于进一步加强新时代中小学思政课建设的意见》为基本遵循，注重幼小衔接，多层次、多形式、全方位开展生态文明教育，创新教学方法，通过项目式学习、研究性学习等方法，融合数字信息技术，常态化开展生态文明主题教育，提升青年一代生态文明素养，进而助力人与自然和谐共生的现代化目标早日实现。

（三）从局部发展到全过程协同行动，实现全民终身学习的生态文明教育

生态文明是人类文明发展的新阶段，既是历史发展的必然趋势，也是全人类的共同追求。我国的生态文明教育，从提倡在相关学科当中渗透环境知识，到探索全面融入国民教育体系，国家与政府明确了学校教育是生态文明教育的主阵地。从正规教育体系而言，抓学校教育、抓课堂教学主阵地，是把生态文明教育真正纳入教育体系并得到教育体系高度重视的重要一环，对于有组织、有规划、有步骤地培育具备生态价值观的各行各业从业者和社会公民，具有基础性作用。同时我们也要意识到，生态文明建设与生态文明教育需要政策的持续保障与引领，需要不断成长起来的青少年一代积极学习，具备生态素养，更需要全体社会公民在终身学习体系中接受生态文化的熏陶，成为生态文明的建设者。《“美丽中国，我是行动者”提升公民生态文明意识行动计划（2021—2025年）》构建出了在范围上覆盖全体国民、在时间跨度上覆盖公民一生的全民终身生态文明教育实践路径。《深化新时代教育评价改革总体方案》《幼儿园保育教育质量评估指南》《义务教育质量评价指南》等政策在新时代教与学方式创新等层面都与生态文明理念相契合；教育部等九部门印发的《关于进一步推进社区教育发展的意见》提出推进社区教育融入社区治理创新，在学习型城市中，社区将集中学习作为一种能改变居民未来状况的方式，更大程度地营造终身学习

的氛围，进而促进生态文明思想的全民行动观实践，助推《中国教育现代化 2035》提出的建成服务全民终身学习的现代教育体系这一目标的实现[①]，通过教育政策赋能各个阶段的受教育者，构建具有中国特色的生态文明教育终身学习体系。

三　地方生态文明教育政策发展概况

（一）江苏省发布《江苏省生态文明教育促进办法》

2022 年 6 月江苏省人民政府发布了《江苏省生态文明教育促进办法》，该办法已于 2022 年 9 月 1 日正式实施，成为我国首部以生态文明教育命名的地方立法，率先在全国范围内将生态文明教育纳入法治化轨道，加强全民生态文明教育。概括来讲，该办法有以下几个亮点。

第一，该办法首次以政府规章形式明确了普及和加强生态文明教育是全社会的共同责任，提出通过开展资源环境国情教育、生态文明科普教育，宣传生态环境保护知识和法律知识，以及传承优秀传统生态文化等方式，增强全社会生态文明意识、培养生态环境保护技能和行为习惯。该办法指出，地方各级人民政府，有关组织、未成年人的父母或其他监护人，应当依法保障公民接受生态文明教育的权利，为生态文明教育提供指导、支持和服务，公职人员、企业事业单位和社会组织的管理人员应当带头履行生态文明教育责任。江苏省明确了“未来 5 年是江苏省生态文明建设从量变到质变的关键时期”这一重要发展阶段，并且将教育作为撬动生态文明人才培养基础、智力保障以及社会文化支撑的重要地位，因此在给予生态文明教育高度重视的基础上，把生态文明教育作为全社会共同责任、共同利益，重视全民学习、全民参与和全民建设，创建了良好的全民共建、共治、共享的内在动力和机制，体现了生态文明建设依赖全民、惠及全民的思想内涵。

第二，在学校开展生态文明教育。该办法明确提出学校应当加强生态文明教育教学和社会实践活动，按照规定组织落实学校生态文明教育教学

① 中共中央、国务院印发《中国教育现代化 2035》［EB/OL］.（2019-02-23）［2024-02-28］. https://www.gov.cn/xinwen/2019-02/23/content_5367987.htm? eqid=e238ee5a000009b30000000464634211.

要求，充实、培养生态文明教育师资力量和课外辅导员，将生态文明教育纳入教师业务培训内容。融合了课堂教学、课内外综合实践活动等可开展生态文明教育的途径和形式，并且对教师生态文明教育能力提升给予了足够重视。同时，也要求学校内部各不同职能部门，合作开展生态文明教育，形成推动生态文明教育发展的合力。

第三，对不同学段生态文明教育重点给予了区分和强调。例如，幼儿园应当结合幼儿年龄特点和接受能力，启蒙幼儿认识自然环境，培养珍惜自然资源、关心和爱护生态环境的意识和生活习惯。中小学校（含中等职业学校和特殊教育学校）应当将生态文明教育纳入学校教育内容，组织学生参加生态文明教育教学和社会实践活动，培养学生良好的生态文明行为习惯。鼓励高等院校开设生态文明教育相关课程，培养生态环境保护专业人才，开展生态环境科学研究，发挥学生社团等组织的作用，培育、提高学生生态文明素养和生态环境保护知识、技能。从学龄前儿童的意识、生活习惯养成，到基础教育阶段侧重于知识、情感、态度、价值观以及行为习惯的养成，再到高等教育阶段对于专业人才、职业技能的培养，符合个体成长以及人才培养规律，既兼顾了为社会公民提升生态文明素养的普遍要求，同时也在专业人才培养上有所侧重。

第四，在校外及社会面进行生态文明教育。该办法单独就“家庭生态文明教育”和“社会生态文明教育”做出明确指示。明确了家庭中进行生态文明教育的责任主体是父母或其他监护人，并鼓励家庭积极参与公益性的生态文明教育实践，实现家庭各成员的生态文明素养提升和习惯养成。同时还明确了社会各组织机构为家庭开展生态文明教育提供资源、支撑等职责。各社会组织开展生态文明教育也被纳入组织日常工作内容和年度工作计划，常态化推进生态文明教育。形成了家庭—社会组织—个人的互动协调，有利于促进良好社会氛围的营造。

（二）浙江将生态文明教育纳入中小学课程

2022 年，浙江省教育厅办公室印发《关于在全省中小学校深入开展生态文明教育活动的通知》，要求在中小学深入开展生态文明教育活动，明确了“持续推动生态文明教育融入学校教育教学各方面，教育引导广大中小学生牢固树立生态文明理念，培养绿色低碳、勤俭节约、文明健康的行为习惯和生活方式，做生态文明理念的积极宣传者、参与者、促进者”的活动目标。浙江省生态文明教育推进主要采取专项行动的方式，主要包括开展生态文明知识普及行动、绿色低碳主题实践行动、绿色低碳理念培育行动三项主题行动。

首先，浙江省要求将生态文明内容纳入中小学课程体系，要求各中小学运用《人·自然·社会》等地方课程教材开展森林、河湖、土地、水、粮食等资源的基本国情教育，普及“垃圾分类”“林长制”“河长制”等知识内容，因地制宜开发生态文明教育校本课程。其次，强调生态教育实践的重要性。浙江省充分利用各级中小学生研学实践教育基地、劳动实践基地、生态文明教育基地、生物多样性体验地等场所资源，组织学生实地走访，开展“沉浸式”“体验式”教育，使生态文明教育不再仅仅局限于学科教学中的知识学习，拓展了课堂的时空范围，倡导参与式、体验式的实践活动，这有利于将在地化的生态实际问题纳入学生的学习研究问题中，同时也促进了生态文明教育社会资源的有机整合和利用，有利于家庭、学校、社区、社会的一体化推进，还有利于带动生态文明的社会行动。同时浙江省还要求围绕山河湖海等自然资源和美丽乡村、特色小镇等人文资源，积极打造生态主题研学品牌和精品研学路线，使得生态文明教育实践的开展更加丰富和具有地方特色，也有利于促进地方经济、社会和文化发展。最后，在绿色低碳理念培育方面，通过各种评选、评比活动促进绿色低碳理念的普及和深入人心，同时也建立了中小学与家庭、社区的协同机制，家庭和社区对学校生态文明教育提供有力支持，学校生态文明教育也不断反哺家庭和社区，形成家庭学校社区的教育合力，对中小学生、教师、家庭、社区成员共同践行绿色低碳生活方式，共建生态文明形成效果的叠加。

（三）上海市将绿色低碳纳入国民教育体系建设

2021年，上海市人民政府发布《上海市教育发展“十四五”规划》，提出以构建“五育”融合发展体系落实立德树人的根本任务。在“德育”部分，上海市把生态文明教育作为提升学生思想道德素养的重要任务。2022年，上海市教育委员会等七部门印发《关于进一步促进本市义务教育学校建设的实施意见》，将“坚持绿色低碳发展理念，将绿色校园建设与生态文明建设有机融合”作为推进义务教育阶段学校建设的重要原则之一，把

“推进绿色校园建设。深入践行绿色发展理念，持续开展以低碳、节能、环保为主题的绿色学校创建行动”作为义务教育阶段学校建设的重要举措。2023 年 1 月，上海市教育委员会发布《上海市绿色低碳发展国民教育体系建设实施方案》，确立了在 2025 年实现“绿色低碳生活理念与绿色低碳发展规范在大中小学普及传播，绿色低碳理念进入大中小学教育体系”，“到 2030 年，实现学生绿色低碳生活方式及行为习惯的系统养成与发展，形成较为完善的多层次绿色低碳理念育人体系并贯通青少年成长全过程”的实施目标。对绿色低碳教育融入国民教育体系各个学段课程提出了明确要求，如学前教育阶段“着重通过游戏、绘本、动画等启蒙幼儿的生态保护意识和绿色低碳生活的习惯养成”；义务教育阶段“通过学科实践和跨学科主题学习，培养学生节能意识，引导学生践行绿色低碳生活方式，促进‘绿色低碳’知、情、意、行的统一”；同时提出将“践行绿色低碳作为教育活动重要内容”，并“将实践内容纳入学生综合考评体系”，“完善青少年生态文明志愿服务体系和生态文明素养考核评价体系，支持‘青未来’‘学生生态环保节’‘学生双创提案大赛’等生态文明教育品牌建设。引导中小学生从小树立人与自然和谐共处观念，形成生态意识、环保意识和践行绿色低碳生活方式”。在随后发布的《2023 年上海市教育委员会基础教育工作要点》中提出“推进绿色学校创建工作，开展绿色学校示范案例评选。制定上海市生态文明建设示范学校创建相关评价标准，启动生态文明示范校创建工作”，“制定发布《上海市绿色低碳发展国民教育体系建设实施方案》，开展生态文明宣传教育，推动‘双碳’相关课程体系建设，举办第五届学生生态环保节和生态文明教育峰会，推进垃圾分类、爱粮节粮、减塑限塑等工作”。在校外教育方面，上海市还确立了包含生态文明教育在内的五大教育模块，针对不同年龄段的学生开发校外主题参观、自主学习、专题讲座、课堂教学、动手体验、研学实践等活动，推动生态文明教育大中小学一体化建设。

随后，上海市教育委员会发布《2023 年上海市教育委员会职业教育工作要点》，将生态文明教育纳入职业教育，作为重要的工作内容之一。明确提出要“加强生态文明宣传教育，推进生态文明示范学校、绿色学校和节水型学校创建，完善中职学校青少年生态文明志愿服务体系”。在 2023 年 3 月发布的《2023 年上海市教育委员会高等教育工作要点》中，上海市明确提出了要在高等教育中“推进绿色学校和生态文明示范学校建设……开展各类生态文明宣传教育活动，举办第五届学生生态环保节和生态文明教育峰会，推动绿色校园建设和生态文明教育”。

（四）北京市生态文明教育政策发展特色

北京市有较早开展生态文明与可持续发展教育的历史。早在2007年北京市教育委员会就颁布了《北京市中小学可持续发展教育指导纲要》，号召北京市中小学在联合国教科文组织可持续发展教育项目的指导下，开展可持续发展教育实践活动。该纲要提出：有必要在全国大中小学和幼儿园课程体系建设中大力充实可持续发展教育的内容；有必要在各级各类学校与教育机关中广泛开展创建节约型单位的活动；有必要放到创建“节约型家庭”和“节约型社区”的活动中去。这一纲要的出台，有力地推动了生态文明与可持续发展教育进学校、进课堂、进教材，也涌现出一批又一批优秀教学课例与优质教育资源。

2011年，《北京市中长期教育改革和发展规划纲要（2010—2020年）》指出加快首都“教育现代化试验城市”建设，进一步明确了“教育为可持续发展服务的时代功能，培养青少年形成可持续发展需要的学习能力、科学知识、价值观念与生活方式”的相关要求，同时也明确指出，在素质教育中强化可持续发展价值观教育，在基础教育课程中增添资源节约、环境保护、文化多样性等内容。同时，北京市石景山区、昌平区、门头沟区等区县同步出台了可持续发展教育相关政策文件。例如，石景山区抓住首钢产业变迁调整，由传统重工业区向绿色生态区转型的历史时期，明确了培养具备可持续发展素养人才来促进区域可持续发展需要的教育功能定位，全面推进可持续课程教学改进，形成了全区整体推进可持续发展教育的良好局面，促使区域教育加快内涵发展和特色发展。昌平区在《昌平区“十二五”教育发展规划（2011—2015年）》中也将可持续发展教育示范区建设作为昌平区“十二五”教育工作的重点之一，将可持续发展教育同课程改革、学校德育、学校文化建设紧密结合，从思想道德、知识建构、能力培养、行为养成几个层面开展可持续发展教育，从决策上规划了可持续发展教育对区域教育的引领方向及实践路径。

2012年7月，北京市颁布《中小学德育工作行动计划》，再次明确提出

“大力开展可持续发展教育，引导学生树立可持续发展价值观、学习方式和行为方式”，这些教育领域的顶层设计为广大中小学校长、教师的可持续发展教育教学实践创新提供了制度保障。2010 年，颁布了《北京市节约型高等学校建设指导意见（试行）》，明确规定了节约型学校建设的考核评价办法，其中一级指标分别为组织与管理、教育宣传、校园建设、节约效果、特色加分五个方面。2016 年，国务院印发了《中国落实 2030 年可持续发展议程创新示范区建设方案》，全力打造可持续发展区域创新典范，推动生态文明建设。北京市诸多区县，如石景山区、通州区、房山区、门头沟区等相继推出区域可持续发展教育推进方案。

2016 年，《北京市“十三五”时期教育改革和发展规划》把“可持续发展教育理念深入人心”作为人才培养模式创新的重要目标。把可持续发展教育作为北京市“十三五”时期的主要工作任务之一，在“完善实践育人体系”部分指出要“加强可持续发展教育，推进可持续发展教育发展示范区建设，建设可持续发展学校和可持续发展教育基地，培育学生可持续发展素养”，以促进素质教育的全面深入，提高学生综合素养；并且，将可持续发展教育作为社会主义核心价值观引领项目的重要内容，提出“强化可持续发展教育，建设示范区和学习创新基地，深入开展节能减排和节约型校园建设”。2019 年，北京市教委发布《北京市中小学生态文明宣传教育实施方案（试行）》，提出倡导勤俭节约、绿色低碳、文明健康的生活方式，帮助学生掌握保护生态文明的方法与技能，践行生态文明行为，养成生态文明习惯，提高全体学生的生态文明素养。该方案指出，生态文明教育主要围绕资源国情、生态环境、生态经济、生态安全、生态文化五大方面展开，要通过宣传、课程、活动、实践、管理五个途径对中小学生生态文明的知、情、意、行进行全链条培养。同时还对生态文明课程建设提出了要求，鼓励各区和学校挖掘生态文明教育资源，结合本区、本校学生实际，因地制宜开发区级课程和校本课程。2020 年，北京市教育委员会、北京市发展和改革委员会联合下发《北京市绿色学校创建行动方案》，以绿色学校创建活动全方位促进生态文明与可持续发展教育，促进生态文明教育在中小学校的全面深入推进，引领以“双碳”为目标的节能减排、绿色创新发展。《北京市绿色学校创建行动方案》全面覆盖学校办学理念、生态文明教育亮点、课程与教学、教师培训、学生素养评估、绿色校园环境建设等各个方面，是生态文明教育一体化推进的重要探索。

四　生态文明教育政策发展趋势

将生态文明教育融入现有国民教育体系，对现有学校教育的变革不在于增设一门生态文明相关学科，或者在地理、生物、语文等单一学科中进行知识渗透，而是以生态价值观的培育为出发点，对现有学科教学和教育活动在价值观导向、学习内容整合梳理、师生关系重塑、教学方式和学习方式更新、学校社会角色和功能转变等方面，从理念、目标、方法、途径和产出等方面重塑学校教育，培育生态公民。

（一）学习内容方面

将更加充分展现多元和跨学科的整体视角，注重将气候变化、生物多样性、防灾减灾、环境污染、节能减排、可持续消费和生产、可持续社会治理等专题与现行学习内容相整合。由于生态问题成因复杂、多领域交织，应该鼓励打破学科设置的课程壁垒，通过将学习内容与生活、与社会、与实际问题相对接，加强学习与生活的双向融合。一是使学习内容更具人文情怀，同时也极大增进学习者的学习兴趣和成就感；二是帮助学习者增进生态环境、可持续发展相关领域的知识积累，促进学习内容和知识结构的更新和重构；三是多元和跨学科学习体验有助于克服单一科学狭隘、片面的思维局限，培育学习者形成以全局和多元视角来看待世界，形成在多学科视角下寻求问题解决途径的思维品质。基于核心学习主题的多学科知识整合式学习，是形成可持续发展的整体世界观、方法论和感知力的重要媒介。

（二）教学方式和学习方式方面

生态文明教育倡导创新课堂教学范式，致力于教与学方式的变革，即以培育生态公民为基点，重塑课堂教学中的主客体关系，重新设计课堂教学的基本常规，重新构建课堂教学的学习内容，将学习的空间和时间双向拓展和延长，更新学生学业表现评价标准，按照以学习者为中心的原则设计教师的“教”、学生的“学”以及师生之间的互动，采用自主、实践探索、合作、问题引导等学习方式，激发学习者为生态文明建设做出贡献。

这种创新性教学范式充分体现了学生在学习过程中的主体地位，是鼓励学生知识生成、能力培养、思维训练、价值观塑造的引导者和组织者。这样一种更具开放性、融合性、针对性和体验性的，以问题解决引导的综合学习方式，使学习更具现实意义，参与性的体验则提升了学习者对于自我贡献的价值认同，相关能力以及多视角的问题解决能力等核心素养具有实际的促进作用。

（三）促进社会转变方面

生态文明教育政策要注重使学习者形成绿色低碳生活方式，使其能够成为生态文明建设的积极参与者和奉献者，促进现存社会向更加绿色和可持续发展的社会转变。生活方式和行为方式的转变是生态文明教育的外显成效。对于学校而言，通过开展生态文明教育能够实现从单纯的资源消耗、污染排放单位，转变为促进节约资源保护环境、引领区域文化发展、促进绿色经济和绿色低碳生活方式的宣传者、示范者和引领者。学校教育不仅是培育未来生态公民的摇篮，还因生态文明教育架设起学校与社会、现在与未来、个体与群体的互通桥梁，生态议题进入学校教育视野，而学习者和学校共同成为促进社会可持续发展的重要助推者和参与者。

（四）注重生态文明价值观的培育

生态文明价值观教育是生态文明教育的核心任务，树立起生态文明价值观是生态公民的首要标准。对生态文明价值观的培养应该摒弃说教式的灌输方式，而应采取润物细无声的方式，在学习者探究社会实际、开展个性化学习以及参与实际问题解决的过程中，提升学习者对于包括生态危机在内的诸多不可持续问题的感知力，使其逐步形成尊重生命、自觉维护生态环境完整性、保护生物多样性、关心人类发展和未来福祉的价值观。同时，生态文明价值观培育不仅体现在个体上，还体现在使现代学校办学理念更具时代性和前瞻性上，学校不仅仅是为社会经济生产提供“产品”，更应具备引领社会发展的先驱作用。

（五）致力于培养生态公民

对于生态公民的培养，在价值观、学习观、课程观以及人才观方面应体现出可持续发展的时代特征。生态公民的培养不同于传统教育的片段式知识学习和以职业发展为导向的技能训练，而是提供能够为公民所用的，与过去、当前、未来（社会）生活相联系的知识、能力和行动力，在多样化的学习体验和问题解决过程中，使其形成完整的社会认知体系、综合且必备的能力体系，以及符合自身及人类未来发展的价值观、世界观和人生观。相对于“以人类为中心”价值观主导的教育所体现出来的征服、扩展、竞争等特征来说，生态文明教育使教育和学习更具人文情怀，更加提升教育应对来自生态环境、经济与社会文化的危机和冲突的能力，成为人类共同应对生态危机、构建人类命运共同体的有效的可持续发展的路径。

第二节　生态文明教育的理论发展趋势

中华文明传承五千多年，积淀了丰富的生态智慧，如“天人合一”“道法自然”的哲理思想，“劝君莫打三春鸟，儿在巢中望母归”的经典诗句，“一粥一饭，当思来处不易；半丝半缕，恒念物力维艰”的治家格言，这些质朴睿智的自然观，至今仍给人以深刻警示和启迪。[①] 本节重点阐述生态文明教育的三级理论，从宏观、中观与微观层面进行分析。

一　生态文明教育的宏观理论

（一）中国传统生态哲学

中国传统生态哲学涵盖了儒释道的思想，主要围绕人与自然、人与自身、人与人这三重关系展开探讨，其主要观点包括：天人合一的宇宙整体观、身心一体的生命发展观、和而不同的文化包容观与儒道哲学的生态伦理观。

1.“天人合一”的宇宙整体观

儒家思想中的“天人合一”重在强调三才——天、地、人——的协调一致，“天何言哉？四时行焉，百物生焉”（《论语·阳货》），在人与自然关系领域，“天人合一”是中国传统生态哲学的主流。中国传统生态哲学尊

① 习近平关于社会主义生态文明建设论述摘编［M］. 北京：中央文献出版社，2017：6.

重自然，顺应自然，把天、地、人等宇宙万物都连贯成为一个整体，追求人与自然融为一体的“人与天一也”的境界。其以系统思维建立对宇宙的整体性认知，引导人们发掘事物间的联系，从整体上把握系统特性，促进自然和社会的相互作用以达到最优状态。

2. “身心一体”的生命发展观

在人与自身关系领域，中国传统生态哲学关注人的个体作用与身心平衡，提出“反观内省”与“心之生命意向”的观点。在人的精神日渐空虚的当今社会，要学会从自然中浸润心灵，复归于身心健康的生命之道，树立正确的生命意识与人生观，促使“自我意识”的觉醒。

3. “和而不同”的文化包容观

“和”既是哲学理论也是生态学思想。从“君子和而不同，小人同而不和”（《论语·子路》）到“和者，天地之所生成也”（《春秋繁露·循天之道》），均体现出“和”是中国传统文化的重要特征之一。在人与人关系领域，中国传统生态哲学关注人之“类主体”的秩序稳定，当人类社会发展到生态文明时代，生态哲学理论便以整体性的观点把经济系统、社会系统和生态系统的矛盾与利益加以整合，使政治、经济、文化综合发展，物质文明、精神文明与生态文明共同进步，同时促进文化包容与文化共享，促进全球文化交流与互动。

4. 道家哲学的生态伦理观

作为一种自然主义哲学形态的道家哲学的价值观，其核心范畴是道与德。道与德既是一种宇宙观，也是一种历史观，是价值范畴与行为范畴的统一，涵盖了人际关系与生态关系。在一定意义上，道与德就是道家的生态道德概念。[①] “人法地，地法天，天法道，道法自然”（《老子》第25章），阐明了道的客观性。“道生一，一生二，二生三，三生万物”（《老子》第42章）说明了宇宙万物的根本，“物得以生，谓之德”（《庄子·天地》）揭示了事物产生的根本原因。道家认为，天下万物在道面前是平等的，“以道观之，物无贵贱；以物观之，自贵而相贱；以俗观之，贵贱不在己”（《庄子·秋水》），形成了道家的道德平等论。

道家的自然主义自然观包含四个方面：一是肯定了自然（天地）的自

---

① 张云飞．天人合一：儒道哲学与生态文明［M］．北京：中国林业出版社，2019：129.

然主义本质，具有不失不灭的守恒性，“天长地久。天地所以能长且久者，以其不自生”（《老子》第7章）；二是强调人对自然的顺应性，“天无为以之清，地无为以之宁，故两无为相合，万物皆化”（《庄子·至乐》）；三是阐明了掌握天道万物变化的自然规律的重大意义，“万物并作，吾以观其复。夫物芸芸，各复归其根”（《老子》第16章）；四是展现了人与自然的系统性，道、天、地、人是整个世界系统的四个基本构成部分与四个子系统，“道大，天大，地大，王亦大。域中有四大，而王居其一焉”（《老子》第25章），提醒人们应该以天地万物和谐一致的方式来对待世界万物。

5. 儒家的生态伦理观

儒家的生态伦理观是以仁民爱物为核心的哲学思想，体现了生态的从善性原则。在政治制度方面，孔子提出“道千乘之国，敬事而信，节用而爱人，使民以时”（《论语·学而》），倡导让农民按照季节变化规律开展农事，同时注意休养生息。儒家将生态的从善性原则直接施之于自然界，倡导民众要爱人、爱物，“地势坤，君子以厚德载物”（《易传·坤·象传》）这成为中国传统哲学伦理学的基本命题之一。荀子指出“圣王之制也：草木荣华滋硕之时，则斧斤不入山林，不夭其生，不绝其长也”（《荀子·王制》），为自然保护提供了早期的依据，丰富了儒家的生态哲学思想。

综上所述，儒道两家从不同视角阐述了各自的生态思想，为新时代开展生态文明教育打下了牢固根基。

（二）习近平生态文明思想

习近平总书记对于生态文明建设的时代必要性做出了十分深刻的论证：“生态兴则文明兴，生态衰则文明衰。生态环境是人类生存和发展的根基，生态环境变化直接影响文明兴衰演替……唐代中叶以来，我国经济中心逐步向东、向南转移，很大程度上同西部地区生态环境变迁有关。”[①] 在党的十九大报告中，习近平总书记进一步深刻阐述了生态文明建设的总体指导思想，即“要创造更多物质财富和精神财富以满足人民日益增长的美好生

① 十九大以来重要文献选编（上）[M]. 北京：中央文献出版社，2019：444.

活需要，也要提供更多优质生态产品以满足人民日益增长的优美生态环境需要”①，把生态文明建设明确地列入了国家未来发展的宏伟蓝图中。2019年，习近平总书记从“人类文明发展史”高度指出：“现在，生态文明建设已经纳入中国国家发展总体布局，建设美丽中国已经成为中国人民心向往之的奋斗目标。中国生态文明建设进入了快车道，天更蓝、山更绿、水更清将不断展现在世人面前。”②“取之有度，用之有节”是生态文明的真谛。“我们要倡导简约适度、绿色低碳的生活方式，拒绝奢华和浪费，形成文明健康的生活风尚。要倡导环保意识、生态意识，构建全社会共同参与的环境治理体系，让生态环保思想成为社会生活中的主流文化。要倡导尊重自然、爱护自然的绿色价值观念，让天蓝地绿水清深入人心，形成深刻的人文情怀。”③“我们应该追求携手合作应对。建设美丽家园是人类的共同梦想。面对生态环境挑战，人类是一荣俱荣、一损俱损的命运共同体，没有哪个国家能独善其身。唯有携手合作，我们才能有效应对气候变化、海洋污染、生物保护等全球性环境问题，实现联合国2030年可持续发展目标。只有并肩同行，才能让绿色发展理念深入人心、全球生态文明之路行稳致远。”④

1. 习近平生态文明思想的时代价值

习近平生态文明思想具有两方面的时代导向价值。一是习近平生态文明思想是新时代进一步落实国家可持续发展战略的深化和拓展，是推进可持续发展进程的新思想、新境界，展现了国家可持续发展未来的美好图景。二是习近平生态文明思想丰富和发展了国际社会关于可持续发展的认识，对人类未来可持续发展进行了系统性规划和全景式展望，是人类命运共同体建设的重要指导理念，对全球生态文明建设与可持续发展进程发挥导向作用与示范作用。

2. 通过生态文明教育践行人与自然和谐共生的中国式现代化目标

促进人与自然和谐共生是对中华优秀传统文化、马克思主义自然观和

---

① 习近平．决胜全面建成小康社会 夺取新时代中国特色社会主义伟大胜利——在中国共产党第十九次全国代表大会上的报告［M］．北京：人民出版社，2017：50.

② 习近平谈治国理政：第3卷［M］．北京：外文出版社，2020：374.

③ 习近平谈治国理政：第3卷［M］．北京：外文出版社，2020：375.

④ 习近平谈治国理政：第3卷［M］．北京：外文出版社，2020：375.

生态观的丰富、继承与发展。人与自然的关系是人类社会最基本的关系，习近平生态文明思想以一系列原创性的新思想新观点新论断，深刻回答了新时代生态文明建设的一系列重大理论和实践问题，贯穿其中的鲜明主题就是实现人与自然和谐共生。这一思想从提出"人与自然是生命共同体""无止境地向自然索取甚至破坏自然必然会遭到大自然的报复"，到提出"绿水青山就是金山银山"，再到强调"要为自然守住安全边界和底线，形成人与自然和谐共生的格局"，揭示了人与自然和谐共生的逻辑，开辟了马克思主义人与自然关系理论发展新境界。促进人与自然和谐共生是对中华优秀传统文化的创造性转化、创新性发展，热爱自然、敬畏自然是中华民族五千多年生生不息、繁衍不绝的重要原因。

3. 习近平生态文明思想的教育意蕴

新时代，新发展，习近平生态文明思想对教育改革创新提出了新要求，教育系统应当学习贯彻习近平生态文明思想并致力于生态文明教育实践。概括起来，主要有五个方面。一是社会功能方面，面对快速变化的时代背景，教育系统要确立促进生态文明建设与可持续发展进程的新型社会功能，明确为实现生态文明建设目标提供智力支持与人才支持的发展方向。二是育人目标方面，教育系统要帮助青少年与全体公民为参与解决国内国际现实与未来生态文明建设和可持续发展进程多方面实际问题做好准备。为此，需要在培养核心素养过程中，使每一个学习者都具备参与生态文明建设与可持续发展进程所需要的知识、能力、价值观等新的素养，即生态文明与可持续发展素养。三是政策创新方面，各级政府要重视发挥教育支持和促进当地生态文明建设与可持续发展进程的作用，教育系统也要主动关注地方生态文明建设与可持续发展进程的实际需要，积极补充、调整相关教育政策、课程与教学内容，并注重完善校长教师培训和教育督导等工作。四是学习内容与学习方式创新方面，面对愈加严峻的生态文明建设与可持续发展进程的挑战，教育系统要将中共中央、国务院相关文件列出的系列国家生态文明建设重大实际问题以及《2030年可持续发展议程》中17个可持续发展目标，有计划、分层次纳入各类各级教育课程内容。同时，要继承与借鉴经过验证的部分地区已有的可持续发展教育课程创新经验，并制定国家、地方与学校三级课程大纲与教学—学习指导细则，指导学生采用自主探究、发现问题、综合渗透、小组学习、社会调查、设计解决方案等创新性学习方式。五是生态行动方面，鼓励与动员全民参与绿色社会建设，教育系统要鼓励与动员全体学习者个人与团队自觉参与生态校园、生态城乡社区、生态企业、生态机关等的建设，并为本地区和国家的生态文明建设与推进可持续发展进程积极建言。

当代教育亟须在习近平生态文明思想指导与感召下，进行变革性、创新性调整与明确定位。构建面向生态文明需要的国民教育体系与终身学习体系，创新生态文明教育一体化育人模式，进一步深入研究与广泛实施生态文明教育，是新时代的大势所趋。

二　生态文明教育的中观理论

（一）人地关系区域系统协调发展理论

在中国的传统文化中即有关于人地关系的“辩证思想”，人与自然环境的关系也被称为“天人关系”，中国古代的思想家提出了一系列有关尊重生命和保护环境的思想，其中道、儒、佛三家是主要代表。

1. 传统文化中的人地关系思想

（1）道家的人地统一思想。老子哲学把思考的范围扩展到了整个宇宙。老子的宇宙论首先看到：天地万物是一个整体，人是天地万物的一部分。在许多古代文献中，有许多观点表达了人地统一、天地人合一的观点，如老子提出：“人法地，地法天，天法道，道法自然。”他认为，在人与地的关系中，归根结底是人必须遵守自然法则。《庄子·天地》指出：“天地虽大，其任均也。”北宋思想家张载提出：“乾称父，坤称母。予兹藐焉，乃浑然中处。故天地之塞，吾其体；天地之帅，吾其性。”《宋元学案·西铭》他认为人以天地之性为人之性，以天地之气为人之体，“天人一物”。

（2）儒家的兼爱万物、物尽其用思想。儒家是中国传统文化中的主流，儒家在对待自然的态度上，从根本上讲与道家是一致的。它也认为人是自然界的一部分，人与自然万物同类，因此人对自然应采取顺从、友善的态度，以人与自然的和谐为最终目标。儒家认为“仁者以天地万物为一体”（《论语·雍也》），一荣俱荣，一损俱损，因此尊重自然就是尊重自己。荀子认为“万物各得其和以生，各得其养以成”（《荀子·天论》），主张对自然万物施以“仁”。儒家注重经世治国，倡导取用有节，物尽其用。要求统治者节制自己的行为，克制自己贪得无厌的欲望，提出“政在节财”的主张。因为节财就包括要节制利用自然资源，节制利用自然资源就能避免对自然资源的掠夺和浪费。

（3）佛家的万物平等的生命意识。在佛学中，人与自然是没有明确界限的，生命与环境是不可分割的整体，在佛的面前，人与其他所有生物都是平等的。佛教中的众生一是指人，二是指生物。佛教从万物平等的立场出发，主张善待万物和尊重生命。佛教对生命的关怀，最为集中地体现在普度众生的慈悲情怀中。

总之，不管是道家、儒家还是佛家，虽然观点各异，但有一点是相同的，即是在人地关系上都持有“人地统一”的观点。

2. 新时代人地关系的内涵

人地关系系统中的“人”是指由人口和经济活动以及社会环境组成的经济社会系统，“地”是指由自然环境和生态系统组成的自然生态系统。“人”必须以其所处的“地”为生存活动的基础，更主动地认识并自觉地按照“地”的规律去利用和改变“地”，以达到使“地”更好地为人类服务的目的，这就是“人”和“地”的客观关系。[①] 就经济社会系统中的“人”而言，人既是生产者又是消费者。作为生产者，人通过个体和社会化的劳动向自然索取资源，将自然界的物质转化成自己需要的产品；作为消费者，人消耗自己生产的产品，并将废物返还给自然环境。这样人类为了维持自己的生存和发展，总要与自然界发生各种各样的联系和相互作用。自然生态系统中的自然环境，即存在于人类社会周围的自然界，是人类活动和持续发展的基础。经济社会系统中的社会环境实际上就是一个复杂的社会文化系统，社会环境的存在起着不断修正人类与自然环境关系的作用。

（二）生态文明教育区域“双循环”理论

党的二十大报告指出，“站在人与自然和谐共生的高度谋划发展”[②]，这

---

① 任建兰．区域可持续发展导论［M］．北京：科学出版社，2014：20.

② 习近平．高举中国特色社会主义伟大旗帜 为全面建设社会主义现代化国家而团结奋斗——在中国共产党第二十次全国代表大会上的报告［M］．北京：人民出版社，2022：50.

既为新发展格局下的生态文明建设、创造人类文明新形态指明了方向，也为开展生态文明教育提供了新的实施路径。构建生态文明教育区域“双循环”模式为新时代生态文明建设赋能成为区域生态文明教育的理论基础。在理论内涵方面，“内循环”是指国内以区域为主的生态文明教育模式，其核心特质包括机制创新、培训创新、实践与学习场域创新、学习方式创新、一体化推进等；“外循环”模式以落实联合国《2030年可持续发展议程》为基础，以《2030年可持续发展教育路线图》等为目标引领，通过联合国教科文组织、教育部与地方教育行政部门共同设计区域生态文明教育实施方案与路径，促进区域生态文明教育发展与2030年可持续发展目标的实现。国际循环促进国内循环，即“外循环”可以更好地为“内循环”注入新鲜活力，形成国际可持续发展教育话语体系；“内循环”在做好本国生态文明与可持续发展教育的同时，可以为“外循环”及人类命运共同体的构建贡献中国智慧与中国力量。“外循环”与“内循环”相辅相成，构成区域生态文明教育的“双循环”模式。

1. 生态文明教育的“双循环”模式

国际环境的变化与可持续发展教育的蓬勃发展，成为中国生态文明教育发展的逻辑起点。联合国教科文组织一直秉持的核心教育理念是“可持续发展教育”理念。21世纪以来，随着《2030年可持续发展议程》的发布，全球可持续发展教育工作者本身也在凝心聚力创新实践，促进17个可持续发展目标的实现。联合国教科文组织于2021年发布的《2030年可持续发展教育路线图》，着眼于可持续发展教育，重点强调教育对实现可持续发展目标的贡献，致力于创造一个可持续发展的新世界。[①] 为此，联合国教科文组织周密设计评估框架并开展全球监测，主要项目包括：可持续发展教育总体进展、国家层面实施《2030年可持续发展教育路线图》的举措、通过ESD网络中其他伙伴组织的活动落实《2030年可持续发展议程》进展情况以及关于可持续发展教育整体进展和影响情况的定量和定性信息等。为应对监测，各国政府将可持续发展教育纳入本国教育政策和工作框架，运用“全机构法”实施可持续发展教育，愈加注重开展青少年培训，赋权青

---

① ESD for 2030：A Roadmap [EB/OL]. (2020-05-19) [2021-01-19]. https：//sdg. iisd. org/news/un-secretary-general-releases-2020-sdg-progress-report/.

年一代使其成为社会变革的推动者，进而为实现社会转型与全球可持续发展助力。

2. 生态文明教育“双循环”模式的全球共识

美丽中国建设需要生态文明教育助力，人类命运共同体建设需要生态文明教育提供经验。生态文明教育理念为区域生态文明教育“内循环”提供了指导依据，同时也成了做好区域生态文明教育“外循环”的通用语言。在世界经济论坛“达沃斯议程”对话会上，习近平主席已经表达了中国态度：“中国将全面落实联合国 2030 年可持续发展议程。中国将加强生态文明建设，加快调整优化产业结构、能源结构，倡导绿色低碳生产生活方式……为保护我们的共同家园、实现人类可持续发展做出贡献。”① 联合国教科文组织即将开启“面向可持续发展目标的可持续发展教育”（ESD for SDGs）的新战略阶段，强化生态文明教育对联合国可持续发展目标的实现和我国生态文明建设具有全局性的重要影响。② 尤其是在当今世界百年未有之大变局背景下，面对各种全球性挑战，要想获得全球人类福祉提升、人类命运共同体的构建与可持续发展目标的实现，就应该向可持续发展教育和生态文明教育借力，这已经成为全球共识。

三　生态文明教育的微观理论

（一）在地化与生态文明教育

在地化（Localization）是相对于全球化的另一种趋势与潮流。在地化主张者认为，全球化的正面价值被夸大，倡导在文化、环境、人权、消费等方面积极抵制资本主义全球化带来的不良影响，保障当地的文化认同与特色的存续，即以全球为架构思考，以在地为关怀行动。在地化教育是指基于当地（区域）整体资源包括经济发展、社会文化、生态环境等基础上的教育，其教学策略的基础是对地方/土著知识（Local/Indigenous Knowledge）的尊重。教师需要具备本土知识以更好地去指导学习，思考如何围绕当地主题创设教学单元和挖掘教学材料，寻找有益于改善教学的当地资源，探

① 习近平谈治国理政：第 4 卷［M］. 北京：外文出版社，2022：465.

② 史根东 . 推动中国可持续发展教育，培养新时代需要的人才［J］. 可持续发展经济导刊，2019（Z2）：68.

索区域内生态与文史知识，组织学生进行实地考察等，与当地社区、家庭等一起培养生态公民的可持续生活能力与学习能力，提出区域建设方案，培养社会责任感。

1. *在地化教育思想与在地化教育的发展*

在地化教育思想起源于杜威的实用主义教育思想。杜威认为，学校不应只传授与遥远的未来生活可能相关的抽象知识，而应该成为学生的生活栖息地。"当学校能在这样一个小社会里引导和训练每个儿童成为社会的成员，用服务的精神熏陶他，并授予有效的自我指导的工具，我们将会拥有一个有价值的、和谐的大社会的最深切、最好的保证。"[①] 杜威主张将正规教育与社区教育相结合，强调本地区社会环境对学生亲身体验的重要性，强调诸如园艺、木工等传统手工艺是体会人类发展历史和推进科学发现的起点。[②] 20 世纪六七十年代，环保主义者和教育家鲍尔斯（C. A. Bowers）与在地化教育倡导者格雷戈里·史密斯（Gregory Smith）较早提出了"在地化教育"的主张，呼吁学校教育应该关注地方经济、社会文化和生态状况，强调学校所在地区的生态环境健康和可持续发展是教育的当务之急。[③] 无论是杜威的"教育即生活"思想，还是鲍尔斯的"在生活中接受教育"理念，最终都被联合国教科文组织借鉴和吸纳。在地化教育承载了当地生态环境、社区、农耕、人文历史等不同层面的意义，构成了真实的教育资源。不同区域的整体性和独特性为教学提供了生动的情景和内容，因此，在地化教育有两个显著特点：一是扎根当地实际的学习，二是参与体验式学习。学生（社区成员）的课业与活动聚焦社区的需要和利益，社区在教学的多个方面提供资源，充当合作伙伴，鼓励个体积极参与学习，将真实世界的关切与求知的活力结合起来，教育人们了解尊重区域文化与环境[④]，建设可持续发展的社会。1998 年美国"社区学校联盟"（Coalition of Community

---

① 〔美〕约翰·杜威. 学校与社会·明日之学校［M］. 赵祥麟，任钟印，吴志宏，译. 北京：人民教育出版社，2004：38.

② Smith，Gregory，David Sobel. Place-and Community-based Education in Schools［M］. London：Routledge，2010：26.

③ Smith，Gregory. The Past，Present，and Future of Place-based Learning［EB/OL］. http：//www. gettings-mart. com/2016/11/past-present-and-future-of-place-based-learning/.

④ Smith，Gregory，David Sobel. Place-and Community-based Education in Schools［M］. London：Routledge，2010：23.

Schools）成立，强调学校、社区、家庭的全面合作，倡导参与体验式学习。[1] 自20世纪90年代至今，联合国教科文组织先后倡导的环境与人口教育、可持续发展教育都强调教育的在地化，让更多的青少年参与当地社区的发展，培养其社会责任感，实现社会的可持续发展。

2. 在地化与生态文明教育

在地化知识是生态文明知识的基础和重要组成部分，其内涵包括多元性和乡土性。多元性是指知识生产以及知识本身的多元。乡土性则包括敬畏自然、天人合一、朴实、相助等，是在地化教育中进行生态文明教育的重要元素。生态文明需要在地化"有根"的热土教育，以地方共同体的共同福祉为旨归，通过社区、自然、本土文化和传统习俗建立联系和认同，培养学生的责任感和归属感，使其产生服务区域与社会的热情和使命感。

（二）生态文明教育转化式学习理论

1. 转化式学习的内涵

转化式学习理论（Transformation Learning Theory）由美国学者杰克·梅兹罗（Jack Mezirow）在1978年首次提出。[2] 所谓"转化式学习"即通过新的教育模式，引导完成三个转化：从死记硬背式学习转化为能够整合信息的自主学习；从专业文凭学习转化为通过有效的团队合作来获得核心竞争力；从不加批判地接受现有教育转化为借鉴全球经验来实现学习创新。[3] 转化式学习是记忆式学习、形成式学习、转化式学习三个连续学习层次的最高阶段。在欧美等国，转化式学习在成人教育如护理教育领域被广泛应用。近年来，我国学者在研究与教学中也逐渐关注并吸纳转化式学习，郑一瑾等[4] 在护理心理教学中，将转化式学习的质疑、反思等方法贯穿于课堂之中，

---

① Smith, Gregory, David Sobel. Place-and Community-based Education in Schools [M]. London: Routledge, 2010: 24.

② Mezirow J., Marsick V.. Education for Perspective Transformation. Women's Reentry Programs in Community Colleges [J]. Adult Developent , 1978: 63.

③ Education of Health Professionals for the 21st Century. A Global Independent Commission. Health Professionals for a New Century: Transforming Education to Strengthen Health Systems in an Interdependent World [J]. Lancet, 2010, 375 (12) : 1923-1929.

④ 郑一瑾，余桂林，刘静，等. 转化学习理论在武汉市某高校护理心理学教学中的实践与思考 [J]. 医学与社会，2016 (10): 98-100.

增加了案例讨论和社会实践等环节，产生了良好的实践效果。进入21世纪，随着国际范围内对可持续发展教育的广泛关注，更多的专家学者开始探索转化式学习在可持续发展教育与生态文明教育领域的运用。美国学者朱莉·辛勒顿（Julie Singleton）认为，转化式学习是人的成长的普遍过程，不仅是成人的学习过程，还是一个探索的、评价的、致力于改变有限的参照标准与思维习惯的过程。[①] 我国学者史根东认为生态文明与可持续发展教育需要引导更多的青少年完成三个转化：从只关注学习成绩转化为同时关注价值观养成，从只关注学生现时表现转化为同时关注学生终生可持续成长与发展，从只关注校内生活转化为同时关注参与绿色社会建设。[②] 转化过程不仅是认识论意义上世界观的改造，而且是本体论意义上存在方式的改变。[③] 对于生态文明教育而言，其教育目标应是让学习者转化生态观念，通过亲身经历激发学习者进行批判性反思，实现其内在观念的转变，从而改变其实践行为，进而建设人与自然和谐共生的生态共同体。

2. 转化式学习的特点

转化式学习的特点主要有三个方面。一是强调过程中的反思。批判性反思是转化式学习理论的核心要素，学习者通过批判性反思能够从自身的经历中形成新的解释进而指导未来的行动[④]，只有具备反思能力才能将已有的观念转变成为“更包容、更有鉴别力、更能自我反省以及经验的整合的参照框架”[⑤]。二是注重真实场景体验。通过真实的情境实践，促进学习者发生转化式学习，实现内在观念的转变。三是需要内外因双重支撑。转化式学习理论的代表人物卡顿（Cranton）指出，“人们总是以自己的方式构建对世界的知觉”[⑥]，转化式学习的发生通常会受学习者内部因素如年龄、个

---

① Julie Singleton, Head, Heart and Hand for Model Transformative Learning: Place as Context, for Changing Sustainability Values [J]. Journal of Sustainability Education, 2015 (09).

② 史根东. 联合国可持续发展教育新视角 [J]. 辽宁教育, 2012 (24): 88.

③ 史蒂芬·斯特林著, 王子舟译. 转化式学习与可持续性：基本概念的梳理 [J]. 世界教育信息, 2019 (02): 10-17.

④ 陈可涵, 宁丽. 转化式学习理论在护理教育中的应用进展 [J]. 中华护理教育, 2019 (08): 636-637.

⑤ Mezirow J.. Transformative Dimensions of Adult Learning [M]. San Francisco: Jossey-Bass, 1991.

⑥ Cranton P.. Understangding and Promoting Transformative Learning: A Guide for Educators of Adults. Jossey-bass Higher and Adult Education Series [M]. 2nd ed. John Wiley and Sons Ltd, 2006.

性与经历等的影响，同时还受一些外部因素如他人的互动与支持、环境与社会因素的助力等，当学习者受到他人鼓励与外部环境推动时更容易走上转化式学习的道路。

3. 转化式学习与青少年生态文明素养培育的逻辑关联

转化式学习体现在从儿童到成人各个阶段的成长过程中，为青少年生态文明素养培育提供了理论支撑，在青少年生态文明教育过程中具有十分重要的意义。

（1）转化式学习能够培养青少年生态文明素养的关键能力。转化式学习属于主动学习过程，能够激发学生的学习兴趣，提高学习效率与学生分析问题、解决问题的能力，要求学习者通过自主学习，主动地建构自己的知识体系。在自主建构知识体系过程中，学习者能够发展其系统性思维，培养其辩证思维能力，逐渐形成批判性思维①，这与联合国教科文组织提出的关键能力如系统思维能力、协作能力、综合解决问题能力、批判性思维能力、自我意识能力、面向未来思考能力②等高度契合。

（2）转化式学习能够培养青少年人文关怀精神。转化式学习要求个体学会合作学习，提升合作的意识、能力以及养成尊重他人的习惯，并在深入学习中升华为一种对生命的尊重，进而发展成一种对社会群体与社会环境的人文关怀精神。这与可持续发展价值观所倡导的四个尊重，即“尊重当代人与后代人、尊重差异性与多样性、尊重环境、尊重资源”紧密相关。③ 生态文明与可持续发展价值观可以使学习者产生使命感，激发全民爱护与保护环境的热情，创建人与自然和谐共生的生态人文精神既是生态文明教育的重要组成部分和核心内容，也是学习者生态素养培育的重要内容。

（3）转化式学习能够增强团队合作意识与提高社会参与度。转化式学习需要青少年通过团队合作的方式来探寻知识、发现问题与解决问题。教育者设计通过综合实践活动、跨学科学习开展生态文明与可持续发展问题

① 戴维·希契柯克，张亦凡，周文慧．批判性思维教育理念［J］．高等教育研究，2012（11）：54-63.

② UNESCO：Leicht，A.，Heiss，J.，Byun，W. J.. Issues and Trends in Education for Sustainable Development［EB/OL］. http：/unesdoc. unesco. org/images/0026/002614/261445e. pdf：44－45.

③ 史根东．中国可持续发展教育实验工作手册［M］．北京：外文出版社，2013：7-8.

的研究，引领学生以团队合作的方式探究学习，实现“主体探究、综合渗透、合作活动、知行并进”[①]。青少年在团队合作中学会如何分工与协作、如何以集体方式快速高效地获取知识和智慧、提出创新性的建议并且付诸行动，是新时代生态文明教育的重要学习模式与路径。

（4）转化式学习的“头—心—手”模型与生态文明素养培育的关联。美国著名学者尤娜·思珀斯（Yona Sipos）将可持续发展教育与转化式学习联系起来，建立起“头—心—手”模型。“头”即通过学术专研和探究掌握生态与可持续概念的认知领域。“手”是指学习实践技能、参与体力劳动如建筑、种植、绘画等的心理动作领域。“心”是指能够转化为行动的价值观和态度形成过程涉及的情感领域[②]，这与联合国教科文组织发布的《全球可持续发展教育行动计划》一脉相承。它号召国际社会在更新学习与培训方式、动员青年人广泛参与、参与制定促进地区可持续发展的解决方案等重点领域推进可持续发展教育，其本质是为了通过更有效的途径重塑生态文明与可持续发展教育。它融合了“头—心—手”模型，将教育融入社会、社区、学校和学生生活之中，引导学习者通过深度参与在地化的学习实践与反思，改变其对于自然的价值观念，从而有助于学习者获得生态文明素养（生态文明价值观、生态文明知识、关键能力、行为习惯、社会参与）的提升，这与北京师范大学研究团队最近提出的21世纪核心素养5C模型[③]在转化式学习方面存在一定程度上的关联与契合。将三者有机结合，组建成转化式学习的“头—心—手”与生态文明素养的关联模型。

（三）“第四条道路”与生态文明教育一体化实施

1.“第四条道路”的教育意涵

全球教育变革领域的知名专家、美国波士顿大学教授丹尼斯·舍利（Dennis Shirley）等学者在2009年率先提出了属于教育变革分类法的“第四

① 史根东．中国可持续发展教育实验工作手册［M］．北京：外文出版社，2013：12-13.

② Yona Sipos, Bryce Battisti, Kurt Grimm. Achieving Transformative Sustainability Learning: Engaging Head, Hands and Heart, 2008, 9 (1): 68-86. UNESCO Roadmap for Implementing the Global Action Programme on Education for Sustainable Development. ［EB/OL］. http://www.unesdoc.unesco.org/images/0023/002305/230514e.pdf.

③ 魏锐，刘坚，白新文，等．“21世纪核心素养5C模型”研究设计［J］．华东师范大学学报（教育科学版），2020（02）：20-28.

条道路”。[①] 这种观点认为，新兴的可持续发展观与具有创新价值观的“第四条道路”是时代发展的必然。[②] 国家主导、市场竞争和数据驱动决策的前三条道路的发展已经不能更好地促进教育可持续创新与学习者个性化发展，因此亟须转变全球教育变革的范式，走向以创新、包容与可持续发展为关键要素的“第四条道路”。具体到教育教学，它包含三个层面的含义。一是强调教育创新。教育变革面临新的问题，“中间引领”和社区组织构成了教育变革与创新的突破口。“中间引领”旨在鼓励教育工作者把握机会，运用自己的独立判断进行创新，切实推进学校改进和效率提升。[③] “中间引领”强调通过课程提升教师的创新能力，教师不仅是课程的执行者，还应该是课程的制定者[④]，尤其是利用社区组织、社区资源与在地资源开展系列课程的研发与设计，更加强调适当使用新技术并将气候变化作为贯穿整个学校系统的跨学科课程单元来加以解决。二是强调教育系统的包容性。通过开设广泛的人文课程，培育学习者的同理心与全球公民意识，建设全球命运共同体，承认与认证流动世界中的多样态学习。[⑤] 三是培养学习者的可持续发展素养助力教育与社会的可持续发展。新的教育需要在全球培养关注气候变化、经济发展等问题的生态公民，需要学习者具备换位思考、批判思维能力与团结合作能力等核心素养，以此应对未来社会的挑战。[⑥]

2. “第四条道路”赋能生态文明教育一体化实施

生态文明教育一体化实施强调教育目标、内容、素养与师生行动的一

---

① Hargreaves, A., Shirley, D. L. eds.. The Fourth Way: The Inspiring Future for Educational Change [M]. Thousand Oaks, CA: Corwin Press, 2009.

② 祝刚，丹尼斯·舍利．“第四条道路”关照下的教育领导变革与教师专业发展：理论进路与实践样态——祝刚与丹尼斯·舍利教授的对话与反思［J］．华东师范大学学报（教育科学版），2022（02）：114-126.

③ Hargreaves, A., Shirley, D.. Leading from the Middle: Its Nature, Origins and Importance [J]. Journal of Professional Capital and Community, 2020, 5 (1): 92-114.

④ Hargreaves, A., Shirley, D.. Leading from the Middle: Its Nature, Origins and Importance [J]. Journal of Professional Capital and Community, 2020, 5 (1), 92-114.

⑤ Craig, C. J., Ross, V., Conle, C., Richardson, V.. Cultivating the Image of Teachers as Curriculum Makers [M] //Connelly, F. M., He, M. F., Phillion, J. eds.. The Sage Handbook of Curriculum and Instruction. Los Angeles, CA: SAGE, 2008: 282-305.

⑥ 祝刚，丹尼斯·舍利．“第四条道路”关照下的教育领导变革与教师专业发展：理论进路与实践样态——祝刚与丹尼斯·舍利教授的对话与反思［J］．华东师范大学学报（教育科学版），2022（02）：114-126.

体化，是一种具有创新性的教育范式，与“第四条道路”倡导的以创新、包容与可持续发展为价值导向的全球教育变革的理念和实践相契合。二者都强调教育与领导者、教育与学生的专业主体性、多元参与性和社会责任性，注重培养学生的可持续发展价值观、实践与创新能力、社会责任感，进而促进师生的全面发展和未来社会的可持续发展，“第四条道路”的理念对于深化生态文明教育一体化实施有着重要的借鉴与引领作用（见图 3-1）。

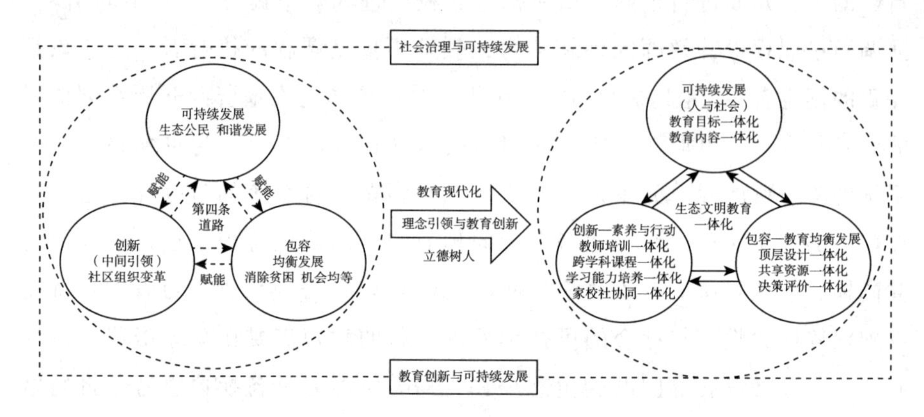

图 3-1 “第四条道路”与生态文明教育一体化关联

第三节 新时代生态文明教育在基础教育课程中的创新发展

课程是在学校教育的情境中，为实现既定的教育理念和育人目标而为学生提供的学习机会及其展开的过程，主要体现为各种教学科目、活动方案和其他教育要素，以促进学生的社会化发展和个性化发展。[①] 张婧认为课程是实现生态文明教育的重要环节，而在地化的课程是实现生态文明教育的重要方式。中国基础教育阶段的学校通常分为公立学校和民办学校，公立学校以国家课程为主，民办学校开设的课程多为国际课程，毕业出口大

① 杨明全，等. 学校课程建设与综合化实施：基于北京市中小学的实践与探索［M］. 北京：北京师范大学出版社，2021.

多是出国留学，也是比较传统的国际教育形式之一，开设最多的国际课程通常为 IB、A-Level（IGCSE）、AP。[①]

一　生态文明教育课程在基础教育中的融合发展实践

在可持续发展教育的演进和中国本土化过程中，生态文明教育被广泛提及，生态文明是中国共产党和中国人民在马克思主义生态学理论、中华优秀传统文化和国外生态研究基础上长期探索的智慧结晶。[②] 在中国，生态文明是可持续发展战略的深化与拓展，生态文明教育也是基于中国国情和发展阶段而探索出的可持续发展教育的创新实践。生态文明教育与可持续发展教育在理念、内核、目标上都具有相容性与互通性，生态文明教育理应继承、延续可持续发展教育原有的合理内核，同时充实、扩展新理念、新内容、新方式与新途径。[③]

（一）生态文明与可持续发展教育在国际课程上的实现——以 IB 课程为例

IB 课程本身就源于联合国教科文组织，从诞生之日起就定位于培养学生的全球意识，要求学生提升全球参与力，批判性地思考人类面临的巨大

---

① IB 即国际文凭组织 IBO（International Baccalaureate Organization）为全球学生开设的从幼儿园到大学预科的课程，为 3—19 岁的学生提供智力、情感、个人发展、社会技能等方面的教育，使其获得学习、工作以及生存于世的各项能力。IB 课程不以世界上任何一个国家的课程体系为基础而是自成体系，广泛吸收了当代许多发达国家主流课程体系的优点，涵盖了其主要的核心内容。因此 IB 课程既具有与世界各发达国家主流课程体系之间的兼容性，又有自己教育理念发展下的独特性。A-Level（General Certificate of Education Advanced Level），既是英国高中课程、英国普通中等教育证书考试高级水平课程，也是英国学生的大学入学考试课程。A-Level 课程证书被几乎所有英语授课的大学作为招收新生的标准。在中国开设 A-Level 课程旨在为中国学生提供进入国外大学的有效途径，具体目标为：培养在国内初高中成绩优秀的学生进入世界顶尖大学；培养在国内初高中成绩中等的学生进入世界一流大学；培养在国内初高中成绩一般的学生考取适合自己的大学。AP（Advanced Placement），即美国大学预修课程，AP 课程全球统考考试每年 5 月举行，目前该课程已经在全球 80 个国家开设。由于 AP 课程讲授的是美国大一的内容，较之中学内容，难度增加很多，一流大学能够轻易地通过学生在中学期间是否选修 AP 课程、选修多少门 AP 课程，判断学生克服困难的信心和能力。

② 张婧．中小学生态文明教育路径研究［M］．杭州：浙江大学出版社，2020.

③ 关成华，陈超凡，等．可持续发展教育：理论、实践与评估［M］．北京：教育科学出版社，2022.

挑战，意识到地球上的自然资源是有限的，为后代福利考虑，探索全球和局部地区的问题，包括环境问题①，这与生态文明和可持续发展教育不谋而合。IB 课程架构对于实现生态文明与可持续发展教育的优势表现为：课程的框架由重要概念和探究主题构成，为探究式学习提供了方向；课程实施载体为系统的跨学科课程群，内容为跨学科整合本地和全球重要议题，为培养学生解决复杂的现实问题的高阶能力提供了机会；课程的实施方式是贯通式深度系统的探究式学习，系统培养学生一系列高阶思维能力；具备完善的多元化评价体系，内部与外部评价相结合，阶段性与类总性评价相结合，过程性评价和终结性评价相结合，以及学生自评、同伴互评、老师评价、其他人评价等。

IB 课程的小学项目（Primary Years Program，PYP）课程以六大跨学科主题（我们是谁？我们身处什么时空？如何自我表达？世界如何运作？如何组织自己生活？如何共享地球？）为框架，制定了科学严谨的跨学科探究计划，以六大学科群为载体，基于重要的社会议题来搭建课程结构，为学校提供了一个将本地和全球重大议题纳入课程框架的机会，实现地域文化整合，进行跨学科主题探究学习。IB 课程的 MYP 课程模式是以重要概念为驱动，全球背景提供与社会实际紧密联系的学习情境，以八大学科群为载体将本地和全球重大议题纳入课程框架，学生用探究的学习方式进行跨学科整合式学习，最后落实到社区服务或个人项目设计的学习成果展示。在此过程中，全球胜任力的知识和能力要素应尽快落实，即跨文化的全球情境中的全球思维方式的培养，发现问题和解决问题过程中的综合知识运用、独立思考、团队合作、批判性思维能力的培养，有效进行跨文化互动的跨文化交际能力培养，最终在社区服务或个人项目设计中实现对社会的行动回馈。这是一个以概念驱动的跨学科主题教育与探究性课程设计、体验式教学形式和交流评价的全过程教学活动，鼓励学生成长为具有创造、批判和反思意识的思考者。鼓励学生在他们所学的传统学科之间以及课程学习与真实世界之间建立联系。它培养学生发展交流、多元文化理解和全球参与等方面的技能，对于将要成为全球领导者的年轻人来说，这

---

① 滕珺，胡佳怡，李敏．国际课程在中国：发展现状、认知维度及价值分析［J］. 比较教育研究，2016（12）：54-60.

些都是至关重要的。IB 课程强调培养学生的学术能力、自我管理能力、交流能力和社会能力，并将这些能力的培养体现在其课程设置之中。DP 项目[①]的创造性行动和服务课程（Creativity, Action and Service, CAS）则鼓励学生提高自身艺术修养、坚持不懈锻炼自我、关心他人、发挥合作精神，强调培养学生兴趣开发、设计目标、解决问题、服务社会的能力。拓展性论文（Extended Essay, EE）提供给学生按照自己感兴趣的主题进行学术写作的机会，使学生熟悉并能独立进行项目研究，旨在提高学生的研究技能，鼓励学生进行创新。由此见得，IB 课程能够充分发挥学生的主动性，有利于培养学生批判性思维，对不同文化和语言的重视能够促进学生对不同文化的理解。

（二）生态文明教育和可持续发展教育在国内课程上的实现

以国家课程为主的公立学校有很多是可持续发展教育项目校，可持续发展教育项目作为中国规模最大、影响力最广的基础教育项目，其前身是由中国联合国教科文组织全国委员会委托北京教育科学研究院主持的全国环境、人口与可持续发展教育（EPD）项目，2005 年联合国可持续发展教育十年计划（2005—2014 年）正式启动[②]，在此背景下，全国环境、人口与可持续发展教育项目过渡到可持续发展教育项目，并于 2006 年初正式更名为中国可持续发展教育项目。该项目实行网格化管理模式，在全国设有中国可持续发展教育项目全国指导委员会和工作委员会，各地区设有指导委员会和工作委员会分会，对各地区的成员学校、实验学校和示范学校进行统一的指导。[③]

从公立学校三级课程视角来看，公立学校通常以开设国家课程为主，同时有的学校还会开设地方课程和开发校本课程。林崇德对旧基础教育课程方案 35 门学科课标进行分析，发现提及频率低于 100 次的有国际意识、

---

① DP 项目指国际文凭组织设计的一种两年制教育项目，旨在为 16—19 岁的学生提供具有挑战性的学术环境。

② 何齐宗．联合国教科文组织教育文献研究：教育理念的视角［M］．北京：人民出版社，2020：264-265.

③ 杜越．联合国教科文组织与全球教育治理——理念与实践探究［M］．北京：教育科学出版社，2016：115.

法律与规则意识、环境意识、独立自主、反思能力、自信心、可持续发展意识、尊重与包容、伦理道德、计划组织与实施、公民意识、安全意识与行为、适应能力、冲突解决能力等。[①] 但是，生态文明与可持续发展教育赋予了课程新的活力，通过一定的途径推动了可持续发展教育理念在基础教育课程中的实现，推动了课程改革，具体样态如下。

很多学校开展基于生态文明与可持续发展教育的国家课程校本化实施，主要路径有三。一是在国家课程中设置生态文明与可持续发展教育的相关主题，进行基于可持续发展目标的大单元、大概念重构，如北京市第一六六中学开设的基于生物课程标准的基因工程、控烟主题课程。二是将国家课程和综合实践课程打通，将学科知识和学科实践结合起来，如北京市第五中学生态文明课程将地理课和环保社团综合实践课程结合起来。三是将国家课程和拔尖创新后备人才培养结合起来，把学科必修、选择性必修和选修课打通，如潞河中学依托物理学科，结合"翱翔计划"物理与地球领域培养基地学校，选择相关主题，开设了进阶的课程。

在地方课程中，在全国范围的可持续发展教育项目实施过程中，涌现出一批非常具有创新性的、扎实的试验区，我们假设区域推动生态文明与可持续发展教育均纳入地方课程实施的范畴，这些区域推动的路径可以总结为以下三个。一是依托国家课程中的综合实践课程，组织区域内的学校和教师开发地方课程和编制相应教材，开展以研学活动课为主要实施载体的生态文明与可持续发展教育，如北京市海淀区开发"三山五园"的地方生态文明课程。二是整合社会的课程资源，通过购买服务和区本化精加工的方式，利用课后服务时间将课程资源提供给学校，助力学校课程质量提升，如北京市东城区国际教育中心的可持续发展目标主题课程。三是开创区域课程治理的模式，以顶层规划、机制建设、资源整合、项目管理、教师培养、课程研究、效果评价等方式助力区域开展生态文明与可持续发展教育，如北京市石景山区模式。

校本课程是学校实现生态文明与可持续发展教育最重要的方式，其实现路径可以总结为以下五个。一是基于办学理念的学校整体课程建设。上海市曹杨中学提出的办学理念是让每一个学生可持续地和谐发展，确立的

① 林崇德.21世纪学生发展核心素养研究［M］.北京：北京师范大学出版社，2016.

育人特色是使学生具有环境素养，形成基于自然、社会及人自身心理的大环境育人理念和环境素养培育特色育人的价值取向，以国家课程—环境素养培育课程—校园育人场课程为主要载体，架构起了由课程教学、实践体验、环境滋养、文化熏陶等要素构成的环境素养培育育人体系。北京市朝阳区白家庄小学将可持续发展教育理念转化为以“尊重”为核心的办学理念，构建了“尊重文化、尊重环境、尊重人人、尊重规律”的课程目标体系，创设了“基础+主题”的三类一贯通的课程结构，提升了学生的可持续发展素养。北京第二实验小学朝阳学校基于可持续发展教育理念形成了三层叠加的课程结构，第一层是以国家基础课程为主的绿色基础型课程，除了国家课程渗透，主要是利用义务教育新课程方案要求的10%的跨学科主题学习实施；第二层是绿色拓展型课程，即面向不同兴趣与特长的学生群体，以特色主题课程及实践活动为主，是对绿色基础型课程的有益扩展与补充；第三层是绿色专长型课程，即面向有发展潜力的部分学生个体与团队，以体现学校教育教学特色的社团活动及特色课程为主，具有一定的挑战性与创新性。二是生态文明与可持续发展特色课程群建设。广州协和中学“和文化·生态”特色课程根据新课程标准育人要求，围绕学校的传统办学理念和新时代生态教育理念，根据学校的各种资源特征构建，课程群将德育教育、劳动课程、科技课程和校本选修课程整合在一起，构成“文化”“知识”“心理”“体艺”“实践”五大模块。三是基于拔尖创新后备人才培养的生态文明与可持续发展教育。潞河中学在学科课程中渗透培育学生的生态文明—可持续发展素养，开设基于生态文明—可持续发展素养培育的选修课程，开发生态文明—可持续发展教育探究类、体验类校本课程，选择优秀的有潜力的学生对接拔尖创新后备人才培养体系，进入实验室进行更为深入的研究。四是精品校本课程设计。上海市浦东新区竹园小学的“四季本草”中草药校本课程强化“跨学科学习”理念，以“基于儿童立场、真实问题驱动、团队合作探索”为共同特征与追求，突破原有的视域和框架，打破学科界限，以“主题项目”的思路重构课程内容，以学生创新素养培育为导向探索教学模式。五是生态文明与可持续发展教育的一体化设计。S区J教育集团开展生态文明教育一体化的德育课程体系建设，利用集团化办学的优势，在梳理学校德育实践的基础上，厘清生态文明与可持续发展教育各学段的目标，对各学段基于生态文明的德育课程进行顶层设计（见表 3-1）。

表 3-1　生态文明与可持续发展教育在基础教育课程中的实现路径

类别	国际学校（含公立学校国际部）	公立学校
课程	IB、AP、A-Level 等，IB 课程本身就源于联合国教科文组织，从诞生之日起就定位于培养学生的全球意识	大部分是可持续发展教育项目校，大部分项目校构建以国家课程为主的三级课程体系
路径	IB 课程的 PYP 课程以六大跨学科主题为框架。实现地域文化整合，进行跨学科主题探究学习	国家课程：1. 在国家课程中设置生态文明与可持续发展教育的相关主题，进行基于可持续发展目标的大单元、大概念重构。2. 将国家课程和综合实践课程打通，将学科知识和学科实践结合起来。3. 将国家课程和拔尖创新后备人才培养结合起来，把学科必修、选择性必修和选修课打通
	IB 课程的 MYP 课程模式是以重要概念为驱动，全球背景提供与社会实际紧密联系的学习情境，以八大学科群为载体将本地和全球重大议题纳入课程框架，学生用探究的学习方式进行跨学科整合式学习，最后落实到社区服务或个人项目设计的学习成果展示	地方课程：1. 依托国家课程中的综合实践课程，组织区域内的学校和教师开发地方课程和编制相应教材。2. 整合社会的课程资源，通过购买服务和区本化精加工的方式，利用课后服务时间将课程资源提供给学校。3. 开创区域课程治理的模式，以顶层规划、机制建设、资源整合、项目管理、教师培养、课程研究、效果评价等方式助力区域开展生态文明与可持续发展教育
	DP 项目要求的三门必修课程 TOK、CAS 和 EE，也注重培养学生的全球意识和综合能力	校本课程：1. 基于办学理念的学校整体课程建设。2. 生态文明与可持续发展特色课程群建设。3. 基于拔尖创新后备人才培养的生态文明与可持续发展教育。4. 精品校本课程设计。5. 生态文明与可持续发展教育的一体化设计

二　生态文明教育在中国基础教育阶段课程的未来趋势

（一）生态文明教育在国际学校课程中的创新发展

国际学校对于生态文明与可持续发展教育的实现主要体现在极少数优质国际课程中，如 IB 课程、国际中学课程（International Middle Years Curriculums，IMYC）和国际小学课程（International Primary Curriculum，IPC）等。若国际学校或者公立学校国际部将国际课程、国家课程和校本课程融合，构建出新的融合课程，可作为中国基础教育阶段国际学校实现生态文明与可持续发展教育的重要途径。对于融合课程的构建有如下建议。一是区域教育政策中对于融合课程中生态文明与可持续发展教育的要素补充；二是区域及学校总体课程建设中生态文明与可持续发展教育培养要素的补充；三是结合本区域或学校特色建设以生态文明与可持续发展教育培养为目标的课程群；四是将国际课程中的部分课程内容直接对接建设校本课程，如 TOK、CAS、EE、个人项目展示；五是借鉴 IB 等课程成熟的评估体系，完善本校生态文明与可持续发展教育评估体系。

（二）生态文明教育在公立学校课程中的发展

2014 年，以《教育部关于全面深化课程改革落实立德树人根本任务的意见》的实施为标志，我国基础教育课程进入了全面深化改革的阶段。2016 年 9 月教育部发布了《中国学生发展核心素养》。2017 年 12 月，教育部印发《普通高中课程方案和语文等学科课程标准（2017 年版）》，该文件要求形成新的观念体系（立德树人、核心素养等）、构建新的教学结构（基于大单元、大概念的整体设计等）、建立新的评价体系（将学业质量作为课标重要部分、教学评一体化、综合素质评价体系等）、新的技术支持（大数据、混合式教学、人工智能等）。[①] 2022 年，教育部印发《义务教育课程方案和课程标准（2022 年版）》，该文件完善了培养目标，优化了课程设置，将劳动、信息科技从综合实践课程中独立出来，聚焦核心素养，优化了课程内容结构，设立占 10%课时比例的跨学科主题学习活动，加强学科间相互关联，带动课程综合化实施，强化实践性要求。此外，《义务教育课程方案和课程标准（2022 年版）》还增强了指导性，注重学段衔接。[②]

值得关注的是，《义务教育课程方案和课程标准（2022 年版）》明确要求设立占 10%课时比例的跨学科主题学习活动，生态文明与可持续发展教育是解决此问题的重要抓手，可以设置基于可持续发展目标或者生态文明主题的大单元、大概念的跨学科项目式学习课程，设置素养评价体系，

---

① 张卓玉．2017 版普通高中课程方案与课程标准实施建议［J］．人民教育，2018（Z1）：43-44．

② 田慧生．落实立德树人任务 教育部颁布义务教育课程方案和课程标准（2022 年版）［J］．基础教育课程，2022（09）：5-8．

助力国家课程改革。在高中阶段可以进行学科内的基于大单元、大概念的教学评一体化课程设计，并且尝试进行跨学科的课程设计。此外，还可以继续在学校综合实践课程等综合和实践类的课程中进行以体验和研究为主的生态文明与可持续发展教育，培养学生的综合能力。

（三）生态文明教育助力义务教育质量提升和普通高中多样化特色发展

《中共中央 国务院关于深化教育教学改革全面提高义务教育质量的意见》和《国务院办公厅关于新时代推进普通高中育人方式改革的指导意见》从另一个角度强调了基础教育阶段人才培养的方向。义务教育阶段要求立德树人，坚持五育并举，全面发展素质教育；普通高中阶段除了强调建构德智体美劳全面培养体系，强化综合素质培养，拓宽综合实践渠道外，还突出强调要基本形成普通高中多样化发展格局。

学校可以在德育中大力发展生态文明与可持续发展教育，《中小学德育工作指南》就提到了要加强生态文明教育：加强节约教育和环境保护教育，开展大气、土地、水、粮食等资源的基本国情教育，帮助学生了解祖国的大好河山和地理地貌，开展节粮节水节电教育活动，推动实行垃圾分类，倡导绿色消费，引导学生树立尊重自然、顺应自然、保护自然的发展理念，养成勤俭节约、低碳环保、自觉劳动的生活习惯，形成健康文明的生活方式。此外，还可以在德智体美劳“五育”并举视角下，全盘考虑“五育”和生态文明与可持续发展教育的融合，助力教育质量提升。

可持续发展教育项目经历了 30 年的发展，涌现了很多优秀的项目校，其基于生态文明与可持续发展教育的特色课程建设助力了学校的多样化特色发展，可持续发展教育项目本身也为学校提供了大量的资源和机遇。学校在考虑将生态文明与可持续发展教育作为其办学特色的时候，需要综合考虑其办学基础、文化、资源、学校发展目标、生源和教师等因素，可以将之前的课程实践进一步梳理提炼，作为特色。各类学校可以根据自身独特优势和发展方向，进行基于生态文明与可持续发展教育的体制机制创新，进行大中小一体化课程设计系统培养学生的生态文明与可持续发展教育素养，和高校、科研院所等合作进行基于生态文明与可持续发展教育拔尖创新后备人才的协同培养，开展普职融通的生态文明与可持续发展教育课程培养技术人才，打造国际化的生态文明与可持续发展教育课程体系，培养具备全球竞争力的国际领袖人才。总之，生态文明与可持续发展教育所带来的各类的特色课程为普通高中多样化发展带来了机遇和助力，同时学校的各种实践也不断丰富和拓展了生态文明与可持续发展教育的内涵和边界。

第四章　生态文明教育一体化模式构建与实践创新

第一节　生态文明教育一体化实施的时代逻辑

生态文明教育是实现人与自然和谐共生的现代化的内生动力与实践基础。实现生态化与现代化共赢，需要通过生态文明教育培养生态公民，同时也需要关注持续走向以创新、包容、可持续发展为关键要素的“第四条道路”教育理念的创新引领。在调查研究区域教育集团生态文明教育一体化实施状况的基础上，基于目前区域教育集团面临的创新发展一体化有待提升、均衡发展有待深化、可持续发展一体化整体设计有待完善等现实挑战，思考面向未来的生态文明教育一体化发展路径：一是以创新为动力，提升区域教育集团生态文明教育一体化实施的创新能力；二是包容与均衡发展赋能生态文明教育一体化的持续动力之源；三是建设多维学习共同体，通过多元共生共治助力可持续发展。

一　问题的提出

党的十八大以来，习近平总书记多次在生态文明建设方面做出深刻阐释。“坚持人与自然和谐共生”“绿水青山就是金山银山”① 指出了自然环境和资源与生俱来的重要价值，推动生态文明建设必须坚持生态文明教育，为美丽中国建设打下基础，需要一场“学习的革命”，“加快建设学习型社

① 习近平谈治国理政：第 4 卷 [M]. 北京：外文出版社，2022：10、361.

会，大力提高国民素质”[①]。未来社会的发展，要把生态文明与可持续发展教育放在首位，确保各年龄段的学习者都能成为积极的贡献者，为更可持续的社会和健康的地球做出贡献。[②] 教育是人类可持续发展的重要基础。通过生态文明教育推动生态文明建设，实现人与自然和谐共生[③]，是推动美丽中国建设，促进联合国可持续发展目标实现的关键路径。

近年来，教育部等多部门发布或者联合发布系列与生态文明教育相关的政策，对生态文明教育给予了高度重视。《义务教育课程方案和课程标准（2022 年版）》优化了课程设置，将有些科目如“道德与法治”进行了一体化设计，《义务教育课程方案和课程标准（2023 年版）》加强了学段衔接，注重幼小衔接，并且依据学生从小学到初中在认知、情感与社会等方面的发展，合理安排不同学段的内容，体现学习目标的连续性和进阶性。2022 年，教育部印发《绿色低碳发展国民教育体系建设实施方案》，将绿色低碳发展理念全面融入国民教育体系的各层次与各领域，指出“到 2030 年，实现学生绿色低碳生活方式及行为习惯的系统养成与发展，形成较为完善的多层次绿色低碳理念育人体系并贯通青少年成长全过程”[④]。在政策引领下，深入开展中小学生态文明教育，完善一体化设计与实施是新时代生态文明教育的当务之急。

二　生态文明教育一体化实施的发展路径：以区域教育集团为例

虽然我国的国家政策在宏观上为生态文明教育提供了理论指引与政策支撑，但在实践中很多区域缺乏系统地对生态文明教育一体化的整体构建与实施，因此开展该项问题的研究意义重大。本部分以 S 区 J 教育集团为例，课题组在问卷调查、深入访谈与指导的基础上，探讨分析生态文明教

---

① 教育部．关于举办 2018 年全民终身学习活动周的通知［EB/OL］.（2018-08-21）［2024-02-28］. http：//www. moe. gov. cn/srcsite/A07/zcs_cxsh/201808/t20180820_345671. html.

② 王巧玲，张婧，史根东．联合国教科文组织世界可持续发展教育大会召开——重塑教育使命：为地球学习，为可持续发展行动［J］. 上海教育，2021（24）：44-47.

③ 怀进鹏出席教育变革峰会预备会议及 2030 年教育高级别指导委员会领导小组会议［EB/OL］.（2022-06-29）［2024-02-28］. http：//www. moe. gov. cn/jyb_xwfb/gzdt_gzdt/moe_1485/202206/t20220629_641937. html.

④ 教育部关于印发《绿色低碳发展国民教育体系建设实施方案》的通知［EB/OL］.（2022-10-31）［2024-02-28］. http：//www. moe. gov. cn/srcsite/A03/moe_1892/moe_630/202211/t20221108_979321. html.

育一体化实施的发展路径。

（一）以创新为动力：提升生态文明教育一体化实施的创新能力

1. 教育内容一体化创新

区域教育集团的优势在于在学生培养过程中实现优势互补、资源共享、教育生态优化、学段教育紧密衔接，而生态文明教育则需要关注学生成长，这是学校德育工作与教育教学工作相互配合的重要一环。学生的培养要立足于生态公民的目标与生态文明素养的培育，因此，区域教育集团在培养学生生态文明素养和行为上要做好统筹安排，以课程为基础保障、以活动为能力提升支撑、以实践为行为检验原则，根据学生成长规律和认知规律在不同学段设计相应的培养目标、育人途径与评价方法。同时，学段之间还应注意教育衔接，帮助学生逐步形成正确的价值观和道德准则（见表4-1）。

表 4-1　不同学段生态文明教育侧重点

学段	目标重点	具体内容
幼儿园	侧重感知与体验	树立生态文明意识，爱护身边的环境，注意节约资源，在直接感知、亲身体验、实践操作中做到生态保护意识初步建立
小学低段	侧重自然亲近者培育	尊重自然，亲近自然；在感知大自然的水、空气、动植物等要素的基础上，学会整体欣赏自然的美，崇尚自然简朴的生活
小学高段	侧重生态守护者培育	学习本土生态知识与尊重文化多样性，认识公民的生态权利与责任，初步理解人与自然和谐共生关系，积极参与校内外生态保护活动与绿色社会建设
初中阶段	侧重生态公民培育	尊重中华优秀传统文化中的生态智慧；关注家乡所在区域和国家的环境与可持续发展问题，积极参与家乡生态行动
高中阶段	侧重生态战略家培育	树立人地协调观，尊重文化多样性；提升应对风险和变化的能力以及综合解决问题的能力；在反思个人行为和人类活动对环境的影响的基础上，关注全球环境，共同制定和实施创新行动

2. 整合在地资源：生态文明教育课程一体化创新

积极整合教育资源，建立具有地域文化与历史变迁特色的生态文明教育课程群。[①] 地方教育行政部门、学校和相关专业机构要综合运用信息技术手段，有针对性地开发配套线上线下微课，利用好微信公众号、在线开放课程等集成的数字化课程资源，确保资源形式与种类多样化。区域教育集团应因地制宜，统筹利用区域以及周边文化与环境资源，打造一批综合性生态文明教育研学基地。开展跨学段、跨学科的教育教学与实践活动，形成高—初—小—幼的“大手拉小手”合作学习共同体。同时，拓展学生参与活动边界，增加其社会责任感，提升学生参与生态文明活动的热情，形成学段间的有效衔接，创新研发具有区域特色的生态文明教育一体化课程（见表4-2）。

3. 教育治理创新：家校社协同发展一体化创新

面向教育未来发展，需要改变过去的单一模式，向多力合一的共建模式转变。教育部等十三部门联合印发的《关于健全学校家庭社会协同育人机制的意见》，明确了学校、家庭、社会在协同育人中的职责定位及相互协调机制。生态文明教育家校社一体化创新，需要做到两点。一是深化整体设计，统筹安排家校社合作。充分考虑家校社合作的形式与内容，通过社团与综合实践活动，带动更多的学生与家长参与环保行动。S区J教育集团各学校需要把握实践内容、地点和教育目标的选择，依托区域在地资源，整体设计好12年的生态文明教育一体化实施有梯度、有深度的综合实践活动课程表。二是建设家校社学习共同体。定期开展生态文明教育手拉手活动，邀请更多的家庭、社区人员与学生共同参与调查、汇报等多元化学习活动，加强与不同学段学生家长、与社区的交流和互动，形成链条式培养和多形式带动，让生态文明教育活动在社区和家庭落地。

4. 教师学习共同体创新：教师培训与学习一体化

教师是社会变革的有力推动者，提升教师的生态文明素养是推动生态文明教育的关键。将生态文明教育内容统筹纳入区域教育集团教师培训，分级开展中小幼教师全员培训，将生态文明教育内容与新课标、“双减”相结合，强化教师的生态文明意识，提升教师研发生态文明教育一体化实施课程与跨学科学习的能力。分层次举办生态文明教育专题研讨班，对关联度较高

---

① 张婧．新时代区域生态文明教育：路径重构与实施方略［J］．人民教育，2021（06）：44-46.

表 4-2　S 区 J 教育集团生态文明教育实施一体化课程表

年级	学情分析一体化	教育梯度设计一体化	知识和能力提升一体化	前期准备一体化	生态文明行动一体化	实施地点
一年级	具有一定认知能力，对观察自然感兴趣	1 级：生态保护基础教育，生态环境的观察	湿地的种类；河流、湖泊湿地生态系统的构成	1. 河流湖泊湿地知识讲座； 2. 学习材料发放； 3. 活动行前课	1. 掌握河流湿地生态环境的特点； 2. 认识 5 种重要水生植物； 3. 了解永定河水系对北京生态的重要性； 4. 完成河流湖泊地貌图手工制作； 5. 制作完成芦苇画	莲石湖；冬奥公园
二年级	学习能力进一步加强，生态文明知识基础仍薄弱	2 级：劳动教育和食农教育的认知实践	1. 土壤知识； 2. 土壤与农业关系知识； 3. 土地污染与保护知识	1. 人与自然知识讲座； 2. 农耕与土壤知识讲座； 3. 活动材料发放与行前课	1. 了解土地与植物类型、农业与经济作物类型的关系； 2. 了解农作物生长的能量投入和产出的关系； 3. 体验农作物种植劳动，掌握可持续农业的评估方式； 4. 制作种子艺术画	中农春雨农业园；北京望和公园
三年级	有一定观察能力，对树木和花草物种特性有一定理解力	3 级：碳达峰、碳中和目标的参与	1. 了解园林绿化方法； 2. 了解植物碳汇作用和机制； 3. 了解园林植物培育和运输方式	1. 植物碳汇知识讲座； 2. 碳达峰与碳中和目标知识铺垫； 3. 活动材料发放	1. 认识 15 种园林植物； 2. 掌握针对校园环境进行园林植物种类调查的能力； 3. 参与体验园林植物和古树名木养护； 4. 绘制北京市园林植物碳汇图表； 5. 制作叶子拓印作品	大兴黄垡苗圃

续表

年级	学情分析一体化	教育梯度设计一体化	知识和能力提升一体化	前期准备一体化	生态文明行动一体化	实施地点
四年级	对植物群落碳吸收能力有更深刻理解，计算和绘图能力进一步提高	3 级：碳达峰、碳中和目标实践	1. 了解园林绿化方法； 2. 了解植物碳汇作用； 3. 了解园林植物培育和运输方式； 4. 探究植物呼吸功能对生态环境的作用	1. 植物碳汇知识讲座； 2. 碳达峰与碳中和目标知识铺垫； 3. 碳汇计算辅导； 4. 活动材料发放	1. 掌握植物的生物学特性； 2. 制作碳汇计算器； 3. 提出对当前城市绿化方式的建议； 4. 完成碳中和花园设计图； 5. 完成植物扎染作品	永定河休闲森林公园；北京西山国家森林公园
五年级	对动物行为有一定的观察和记录能力，有一定的文字写作和表达能力	4 级：生物多样性保护教育； 5 级-：在 5 级的基础上降维执行	1. 生物多样性的概念和意义； 2. 北京本土的生物多样性状况； 3. 旗舰物种与保护生物多样性知识	1. 生物多样性保护知识讲座； 2. 认识北京的生物多样性讲座； 3. 联合国生物多样性保护公约介绍	1. 了解北京本土生物多样性保护的意义和方法； 2. 完成北京湿地生物多样性调查实践； 3. 撰写水生生物多样性调查报告； 4. 完成麋鹿烙画制作	北京南海子麋鹿苑博物馆；南海子公园二期
六年级	掌握望远镜的使用技巧，有一定的物种识别能力和野外徒步能力	4 级：生物多样性保护教育； 5 级-：在 5 级的基础上降维执行	1. 掌握水生环境鸟类繁殖和迁徙规律； 2. 认识鸟类行为与人类干预环境的关系； 3. 学会设计和撰写鸟类报告	1. 生物多样性保护知识讲座； 2. 北京野生鸟类繁殖与迁徙知识讲座； 3. 联合国生物多样性保护公约介绍； 4. 水生生物多样性调查和鸟类监测方法介绍	1. 了解北京本土生物多样性保护的意义和方法； 2. 完成水生生物多样性调查实践； 3. 完成湿地鸟类多样性观测报告； 4. 利用轻黏土制作鸟喙标本	汉石桥湿地自然保护区；北京野鸭湖国家湿地公园

续表

年级	学情分析一体化	教育梯度设计一体化	知识和能力提升一体化	前期准备一体化	生态文明行动一体化	实施地点
七年级	生态文明基础相对扎实，有较长距离徒步运动能力，有分组合作协作能力	4级+：4级的提升版同样适用本年级 5级：生态环境研究	1. 了解北京地区陆生野生动物分布； 2. 学习掌握使用红外相机监测野生动物	1. 北京本土生物多样性保护讲座； 2. 北京周边燕山与太行山野生动物保护讲座； 3. 野生动物调查方法介绍	1. 完成基于4级活动的深度报告； 2. 撰写本土陆生野生动物代表地区调查报告； 3. 通过1和2完成对北京本土生态的评估； 4. 制作本土植物科学标本	北京西山国家森林公园
八年级	生态文明基础相对扎实，有初步的生物学和其他相关学科基础，有分组合作协作能力	4级+：4级的提升版同样适用本年级 5级：生态环境研究	1. 全面掌握森林保护知识，完成林下生态系统研究性调查； 2. 认识土壤、光、气、水与北京生态环境的联系	1. 北京地区森林生态系统讲座； 2. 林下生态系统知识和考察方法介绍	1. 完成基于4级活动的深度报告； 2. 熟练掌握样方法、样线法，完成一个生态环境样线调查报告； 3. 制作完成土壤标本	八大处公园
九年级	生态文明基础相对扎实，有初步的生物学和其他相关学科基础，有分组合作协作能力	5级：生态环境研究	1. 学习生物防治知识，了解昆虫防治方法； 2. 掌握昆虫种类区别方法； 3. 了解生物防治与生态环境保护的关系	1. 生物防治与生态保护讲座； 2. 生物防治实践方法	1. 设计基于一片自然山野或人工园林的生态保护/防治方案； 2. 制作昆虫标本	北京西山国家森林公园

续表

年级	学情分析一体化	教育梯度设计一体化	知识和能力提升一体化	前期准备一体化	生态文明行动一体化	实施地点
高一年级	生态文明基础相对扎实，有相关学科基础，有一定野外研究能力	6级：深度生态小课题以及国内外交流活动	1. 课题的选择与确立方法； 2. 观察记录、信息采集、逻辑推理能力； 3. 论文写作与答辩培训	1. 狸藻与水生态关系的研究； 2. 京西古道壶穴成因研究； 3. 夜鹭研究讲座	全年级分三组完成： 1. 北京水域黄花狸藻科研调查报告； 2. 北京夜鹭繁殖行为与人类活动影响调查报告； 3. 京西古道壶穴形成机理调查报告	奥林匹克森林公园；北京动物园；京西古道
高二年级	生态文明基础相对扎实，有相关学科基础，有一定野外研究能力	6级：深度生态小课题以及国内外交流活动	1. 课题的选择与确立方法； 2. 观察记录、信息采集、逻辑推理能力； 3. 论文写作与答辩培训	1. 长耳鸮研究成果讲座； 2. 永定河水质生态讲座； 3. 沙河水库生态环境保护课题讲座	全年级分三组完成： 1. 北京地区长耳鸮生存环境调查报告； 2. 永定河石景山段水质调查报告； 3. 沙河生态环境治理报告	南海子公园二期；莲石湖
高三年级	生态文明基础相对扎实，有相关学科基础，有一定野外研究能力	6级：深度生态小课题以及国内外交流活动	1. 课题的选择与确立方法； 2. 观察记录、信息采集、逻辑推理能力； 3. 论文写作与答辩培训	1. 北京地区狗獾研究讲座； 2. 北京桦木科植物与环境关系知识讲座； 3. 松山地区人类行为对自然生态的影响讲座	全年级分三组完成： 1. 北京地区狗獾生活规律与环境适应调查报告； 2. 桦木科植物多样性调查报告； 3. 松山地区人类行为对自然生态影响调查报告	北京市园林绿化局；密云长峪沟基地；北京延庆玉渡山风景区、松山国家森林公园

的学科教师进行专项培训，建设一支优秀的教师培训者队伍，提升区域教育集团一体化实施生态文明教育的能力，培育一批在生态文明教育方面专业能力突出的优秀骨干教师，形成专兼结合的生态文明教育一体化实施的教育学习共同体，使之从理念到内涵，内化为区域教育集团学校发展的教育生态。

（二）包容与均衡发展：赋能生态文明教育一体化的持续动力之源

要实现区域教育集团生态文明教育一体化的可持续发展，需要完善以下三个方面。

一是做好顶层设计。目标导向是提升教育质量的内在约束，育人目标整体性和阶段性设计如何与儿童、青少年身心发育特点和需求变化相统一相适应，是育人工作的重点和难点。[①] 关注学习者在不同发展阶段的身心发展特点，设计研发从幼儿园、小学到中学的各个层面的发展目标内容以及衔接。

二是共建共治共享，有效整合优质教育资源。强调知行合一，以交流促行动；开展评估，合理应对；调动资源，实现共建共治共享[②]，整合区域教育集团内的优质师资，通过跨校跨学段交流学习实践等混龄学习方式，达到共同提高的目的；同时整合校外教育资源，如少年宫等，让教育利益相关者全面参与学校教育，政府和学校也要通过多种奖励措施鼓励教育利益相关者，形成教育合作伙伴关系和共建共治共享的教育格局，促进整体价值的最优化实现。

三是分级评价，提升治理效能，做到评价决策分阶段分层级一体化实施。《深化新时代教育评价改革总体方案》为教育评价改革指明了方向与路径。生态文明教育一体化实施评价过程需要坚持“以人为本”的理念，将生态文明教育分级分层量化指标与区域教育集团文化有机结合，探索构建评价与各学段学生成长同频共振的网格化评价体系，通过治理体系提高治理能力。

---

① 谢春风．目标衔接是一体化德育体系建设的“活的灵魂”[J]．北京教育（普教版），2022(07)：44-46.

② 张婧，王巧玲，史根东．未来10年全球可持续发展教育：整体布局与推进路径[J]．环境教育，2022(11)：52-55.

（三）关联融合：生态文明教育多元共生共治助力可持续发展

一是以学习共同体助力可持续发展。生态文明教育的培养目标一体化通过区域教育集团内学校的专业化的组织管理协调，不同学段的教师学习共同体联合研发与实施，实现课程与教学多元整合，通过家校社学习共同体的积极参与，通过区域教育集团内学校的学生混龄合作，培养各学段学生的生态文明素养、家国情怀、合作共赢与创新发展能力，使区域教育集团成为生态文明教育共同体、生态文化共同体与生态文明价值共同体，实现"第四条道路"倡导的可持续发展。

二是以生态学习社区建设助力可持续发展。陶行知先生提出的"生活即教育、社会即学校，教学做合一"的教育思想可以作为生态文明教育一体化实施的本土引领理论。学校与社会共融共生，这一教育思想不仅是学校面向未来的战略选择，而且是一种尊重教育规律的返璞归真。[①] 融入世界既是一种理念的变革，又是一场新理念指引下的行为革命。[②] 因此，通过家校社合作建设生态学习社区，通过居委会与学校合作，引导家庭有针对性地开展生态文明教育和实践活动，家庭成员共同参加家庭与社区的垃圾分类、节水节电等活动，让教育与生活、自然相融，潜移默化地使公民将生态保护意识转化为生态文明行动，自觉践行习近平生态文明思想与助力"双碳"目标实现。

三是以数字教育与数字学习场域创新助力可持续发展。联合国教育变革峰会提出，数字化学习内容、能力和互联网连接是促进教育变革的"三大秘钥"。党的二十大高度重视信息化数字化发展，随着数字技术的广泛应用，区域教育集团借助现代化信息网络重构时空场域，可以更便捷地开展跨校、跨学科等教育教学活动，为生态文明教育一体化育人目标的实现创造有利条件。例如，S区J教育集团通过网络将生态环境、生态经济、生态安全、生态文化与生态道德等教育内容与各学段的课堂教学相结合，与区域文化、环境与经济社会发展相结合，建立知识图谱，创新内容呈现方式，培养学习者的高阶思维能力、综合创新能力与终身学习能力，引领更多的

---

① 王烽．融合共生：学校与社会关系的未来［J］．中小学管理，2022（12）：38-39.

② 岳伟．学会融入世界：教育的未来转向与使命［J］．齐鲁学刊，2022（03）：83-89.

师生共同参与到绿色社会建设中，进而促进社会的可持续发展。

联合国教科文组织在其发布的《学会融入世界：为了未来生存的教育》中呼吁，教育必须发挥作用，从根本上改变人类在世界中的地位与作用，从了解世界到采取行动，再到与世界融为一体，实现教育范式的根本转变。面向未来，生态文明教育一体化实施需要建立科学的可持续发展的共同价值观、共享机制与评价机制，打造富有区域特色的集团化创新型特色教育团队，以创新能力推动生态文明教育内涵发展，形成集团与区域可持续发展的新动能，推动生态文明教育走向以创新、包容与可持续发展为关键要素的“第四条道路”，助力中国式现代化目标的实现。

第二节　生态文明教育一体化实施的主要内容

为了深入推进大中小幼师生开展生态文明教育一体化实践，提升生态文明素养，践行生态文明行为，需要对生态文明教育一体化实施内容与途径进行全面思考。

一　指导思想

全面贯彻党的二十大精神，以习近平生态文明思想为指导，全面贯彻党的教育方针，坚持立德树人，大力培育和践行社会主义核心价值观。按照“四个全面”战略布局，牢固树立创新、协调、绿色、开放、共享的新发展理念，构建大中小幼生态文明教育一体化体系，提高师生生态文明素养，为建设美丽家园、美丽中国做出贡献。

二　工作目标

面向全体大中小幼师生深入开展生态文明教育，宣传生态文明知识，引导师生正确认识个人、社会与自然之间的关系，树立尊重自然、顺应自然、保护自然的生态文明理念，形成对生态文明建设的价值认同，倡导勤俭节约、绿色低碳、文明健康的生活方式，帮助学生掌握保护生态文明的方法与技能，践行生态文明行为，养成生态文明习惯，提高师生的生态文明素养。

三　工作原则

（一）以人为本，尊重规律

遵循学生身心发展规律和教育规律，以学生为本，用学生喜闻乐见的方式，组织开展适合不同学段学生的教育活动，增强生态文明教育的吸引力和感召力。

（二）整合资源，系统推进

将生态文明教育与学校管理、学校教育教学、家庭教育有机结合，整体规划，统筹实施，整合利用各种资源，协调各方力量，确保宣传教育的系统性和实效性。

（三）联系实际，知行合一

从学生实际情况出发，坚持目标导向、问题导向和需求导向，既注重宣传教育引导，又注重实践体验，实现知行合一。

四　教育内容

生态文明教育大中小幼一体化实施，使学生掌握相关知识，使学生树立尊重自然、顺应自然、保护自然的生态文明理念；持续提高各学段学生的生态文明素养，使其落实生态文明行动、增强社会责任感、形成正确的生态观，成为合格的生态公民。

（一）阶段目标

1. 幼儿园阶段侧重感知与体验

引导幼儿从小树立生态文明意识，爱护身边的环境，注意节约资源，在直接感知、亲身体验、实践操作中做到生态保护意识初步建立。

2. 小学低段侧重自然亲近者培育

尊重自然，亲近自然；在感知大自然的水、空气、动植物等要素的基础上，学会整体欣赏自然的美，崇尚自然简朴的生活。

3. 小学高段侧重生态守护者培育

学习本土生态知识与尊重文化多样性，认识公民的生态权利与责任，初步理解人与自然和谐共生关系，积极参与校内外生态保护活动与绿色社会建设。

4. 初中阶段侧重生态公民培育

尊重中华优秀传统文化中的生态智慧；关注家乡所在区域和国家的环境与可持续发展问题，积极参与家乡生态行动。

5. 高中阶段侧重生态战略家培育

树立人地协调观，尊重文化多样性；提升应对风险和变化的能力以及综合解决问题的能力；在反思个人行为和人类活动对环境的影响的基础上，关注全球环境，共同制定和实施创新行动。

（二）生态文明教育内容

生态文明是中国特色社会主义事业的重要内容，是国际可持续发展理念的中国化表述。依据可持续发展经济、社会、文化、环境领域的相关目标要求，结合中国国情与习近平生态文明思想，中国生态文明教育内容体系框架涵盖生态资源教育、生态环境教育、生态经济教育、生态安全教育、生态文化教育、生态伦理教育。

1. 生态资源教育

开展大气、土地、水、生物、粮食等资源方面的基本国情教育，引导学生感受祖国大好河山，认识祖国地理地貌，了解我国资源和社会发展状况，增强忧患意识和奋发图强的革命精神。

2. 生态环境教育

开展污染防护、生态修复、环境质量、气候变化、海洋生态等方面的教育，引导学生树立尊重自然、顺应自然、保护自然的生态文明理念，使学生认识到环境污染的危害性，增强保护环境的自觉性。开展节粮节水节电教育，使学生养成勤俭、节约、环保的生活习惯。

3. 生态经济教育

开展新能源与可再生能源、生态农业、生态城市、绿色工业、生态服务业等教育活动，引导学生树立绿色发展、循环发展、低碳发展观念，对低碳生活、节约资源形成正确的价值判断，推动实现垃圾分类，倡导绿色消费。

4. 生态安全教育

开展生态安全法律法规、生态安全监测与研判、全球生态环境治理等方面的教育，引导学生综合分析和思考资源环境生态问题，树立生态安全战略意识、法治意识与预警意识，自觉维护国家生态安全。

5. 生态文化教育

开展人与自然和谐共生的生态价值观、热爱自然与热爱生命的生态伦理观、山水林田湖草是生命共同体的生态审美方面的教育，唤起学生生态文化自信与自觉，摆正人与自然的关系，追求人与自然的和谐，形成文明健康的生活方式。

6. 生态伦理教育

人因自然而生，人与自然是一种共生关系，人类发展活动必须尊重自然、顺应自然、保护自然，这是人类必须遵循的客观规律。人类正处在大发展大变革大调整时期，各国相互联系、相互依存，全球命运与共、休戚相关，和平力量的上升远远超过战争因素的增长，和平、发展、合作、共赢的时代潮流更加强劲。要深入开展人与自然生命共同体、地球生命共同体、人类命运共同体教育等生态伦理教育。

五　生态文明教育一体化实施的主要途径

（一）培养目标一体化贯通

统筹推进生态文明教育一体化，重点将生态文明教育融入人才培养全过程，以生态文明思想引导学生明大德、守公德、严私德，在生态文明教育中提高生态素养，以贯通融合的方式实现培养目标一体化，促进人与自然生命共同体构建。

（二）课程与教材建设一体化统筹推进

1. 开设专门课程

各级各类学校依托校内相关教学科研机构，开设生态文明教育课程。鼓励支持大中小幼学校挖掘和利用校内外生态文明教育资源，开设地方课程和校本课程。用好专题教育综合课程，中国梦、中华优秀传统文化、我爱北京等课程，以及中小学一体化地方课程等，深入开展生态文明教育，使生态文明教育进一步常规化、系统化、科学化。

2. 开展专题教育

围绕生态文明教育领域，确定各个层面的主题。通过组织讲座、参观、调研、体验式项目式实践活动等方式，进行案例分析、实地考察、访谈探究、行动反思，积极引导学生自主参与、体验感悟。

3. 融入各学科专业教育教学

中小学各学科课程、普通高等学校和职业院校公共基础课及相关专业课，结合本学科本专业特点，明确生态文明教育相关内容和要求，纳入课程思政教学体系。各学科专业教师要强化生态文明意识，通过延伸、拓展学科知识，引导学生主动运用所学知识分析可持续发展问题，结合学科专业特点，在课程中有机融入生态文明教育内容。

（三）实践体系一体化建设

注重实践，积极开展一体化实践活动。大学阶段的生态文明教育亦可向下兼容，为中学、小学等生态文明教育提供支持，高校可以做好面向中学及小学的教育联动，定期开展劳动教育实践活动，从社区志愿者生态文明行动等多个方面，开展一体化活动实践，全面提升各个学段生态文明教育素养与能力。

1. 深化一体化实践体验

与研究性学习、社会大课堂活动、综合社会实践活动、研学旅行活动等紧密结合，通过组织开展参观、社会调查、实践体验等，引导学生了解自然，关注班内、校内、家庭、社会上与环保节约有关的现象和问题，增强生态文明建设责任感。

2. 开展一体化志愿服务

深入推进学校生态文明类社团建设，通过丰富多彩的社团活动，激发学生生态环保兴趣，提升学生生态环保责任意识，并充分发挥社团示范引领作用，带动更多学生参与环保行动。发挥各级各类学校共青团、少先队组织的作用，组织学生开展生态文明宣传、义务植树、环境维护等志愿服务活动，在志愿服务的过程中增强学生对生态文明的价值认同。

（四）教师队伍一体化培养

将生态文明教育内容纳入各级各类教师培训，分级开展大中小学教师全员培训，将生态文明教育纳入“国培计划”、高等学校新入职教师培训、学科教师培训等各级各类培训，使教师获得继续教育学分，强化生态文明意识。

分层次举办生态文明教育专题研讨班，对关联度较高的学科教师进行专项培训，建设培训者队伍和培训专家库，提升实施生态文明教育的能力。选拔、培育一批生态文明教育方面专业突出的优秀骨干教师，形成专兼结合的生态文明教育一体化实施的教育师资队伍。鼓励支持高等学校设置生态文明教育专业，培养从事生态文明教育的专业人才。

六　评价

（一）评价原则

坚持发展性原则，强化教育引导，激发学生学习热情，提升学生生态文明意识。

坚持过程性原则，引导学生积极实践，提升学生参与绿色社会建设能力，引导实现知行合一，避免单一考察知识概念。

坚持多元性原则，注重自我评价与他人评价相结合、过程评价与结果评价相结合、定性评价与定量评价相结合，保证评价全面客观。

（二）评价实施

依据生态文明教育的主要目标和主要内容，明确评价要求和评价要点，突出素养导向。将生态文明教育内容纳入不同学段学生学业评价范畴。小学阶段侧重考察参与相关活动情况；中学阶段侧重考察社会参与和实践创新情况；大学阶段采用多种方式进行课程考试，兼顾过程性考核。客观记录学生参与生态文明教育、课程学习和社会实践等活动的态度、行为表现和学习成果，确保记录真实可靠，纳入学生综合素质档案。

七　管理与保障

（一）组织领导

做好中（含中职）小幼生态文明教育顶层设计，明确工作任务、人员配备、责任机构、条件保障、经费投入、推进计划等，实行分级负责制。北京市各级教育部门牵头协调其他部门，统筹指导本区域生态文明教育工作，督促大中（含中职）小学履行生态文明教育教学实施主体责任。高等学校党委负责本校生态文明教育的组织实施，在教师配备、经费投入等方面给予必要保障。

（二）课时保障

大中小幼生态文明教育每学年开展不少于 2 次，每次不少于 3 课时。高等学校生态文明教育公共基础课不少于 2 学分。小学、初中、高中（含中职）各学段生态文明教育内容安排原则上应不少于 6 课时，统筹落实到课程标准和教材中。

（三）督导检查

把生态文明教育纳入教育督导体系，明确督导办法。各级教育督导部门要组织开展生态文明教育督导，着重检查教育实效，检验学生思想认识、态度情感、行为表现等方面的状况。将督导检查结果纳入年度考核范围。

（四）专业指导

北京教育科学研究院团队开展生态文明教育教学的研究、咨询、指导、评估、服务等工作，会同国家教材委员会相关专家委员会组织开展生态文明教育教材和中小幼读本审查。各地教育行政部门和学校通过开展典型培养、评优评先、学术研讨、经验交流等活动，进一步发挥示范引领作用。各区级教研部门组织生态文明教育实施途径与方法的专项研究，探索学科有机融入、专题教育设计，有效指导教师教学。

（五）资源开发

地方教育行政部门、学校和相关专业机构要综合运用信息技术手段，有针对性地开发配套的多媒体素材、案例库、课件、微课、专题网站、应用软件、微信公众号、在线开放课程等集成的数字化课程资源，确保资源形式与种类多样化。各级各类学校应注重因地制宜，统筹利用现有资源，推动相关教育实践基地改造升级，拓展其生态文明教育功能，打造一批综合性教育实践基地和专题性教育实践基地。

第三节　生态文明教育一体化实施与教育数字化

党的二十大报告提出："推进教育数字化，建设全民终身学习的学习型社会、学习型大国。"[①]《教育部 2022 年工作要点》提出了实施教育数字化战略行动，要求发挥网络化、数字化和人工智能优势，创新教育和学习方式，提高教育数字化治理水平，加快实现教育的均衡化、个性化与终身化。面向未来，教育工作者需要对三级课程与生态文明教育进行课程重构与理念创新以持续培育学习者的核心素养与生态文明素养，用新理念、新技术与新范式赋能中国教育现代化，助力国家与社会的可持续发展。

习近平总书记指出："建设生态文明，关系人民福祉，关乎民族未来。"[②] 党的十八大以来，党中央将生态文明建设纳入中国特色社会主义事业"五位一体"总体布局，生态文明建设的战略地位更加凸显。2021 年 1 月生态环境部、教育部等六部门联合印发的《"美丽中国，我是行动者"提升公民生态文明意识行动计划（2021—2025 年）》旨在深入学习宣传贯彻习近平生态文明思想，引导全社会牢固树立生态文明价值观念和行为准则，进而助力建设美丽中国，实现中华民族伟大复兴中国梦。新时代新发展阶段对生态文明教育提出了新要求，随着信息化、互联网技术的高速发展，大数据、在线学习、混合式学习等让生态文明教育的发展面临新的机遇与

---

① 习近平．高举中国特色社会主义伟大旗帜 为全面建设社会主义现代化国家而团结奋斗——在中国共产党第二十次全国代表大会上的报告［M］．北京：人民出版社，2022：34.

② 习近平关于全面建成小康社会论述摘编［M］．北京：中央文献出版社，2016：163.

挑战。如何运用信息化、数字化转型赋能生态文明教育，提升全社会生态文明素养，助力国家生态文明建设，是新时代的重要议题。

一　信息技术赋能学校生态文明教育

学校是开展生态文明教育的关键阵地。教育部提出“以生态文明教育为重点，将可持续发展教育纳入国家教育事业发展规划，突出强调培养学生的环境保护观念、绿色低碳生活方式和危机应对能力”①。《“美丽中国，我是行动者”提升公民生态文明意识行动计划（2021—2025年）》明确了大力推进学校生态文明教育并将其纳入国民教育体系。为此，信息技术赋能学校生态文明教育应从以下两方面落实。

（一）教与学方式上，重新建构新型师生关系

我们应突出以学习为中心、以学生为中心，教师是学生学习过程中的参与者、支持者与引导者。随着教师教育职能发生变化，教师发挥作用的方式也会改变。新时代的教师应领悟数字化教育真谛，应成为具备数字素养且有终身学习能力的教育引领者，同时加强对学生数字素养、信息素养的教育，培养学生在数字信息空间的理性精神、同理心、创造力与批判性思维，进而抵御数字化社会的风险。教师与学生通过新型研究过程与方式重构知识观、人文观、技术观与生态观，创造新的知识共享模式。

（二）教学内容上，融入生态文明教育理念

在教学内容方面融入相关环境、人文、数字的课程内容，加强对人文精神的观照、对自然环境的关注以及对信息技术的掌控，借助跨学科学习培养学生的批判和应用知识的能力。

一是将节粮节水节能、保护环境基本国策纳入品德、地理、生物等必修课程教材中，阐释绿水青山就是金山银山、人与自然和谐共生的生态文明理念，使全体学生通过线上线下课程掌握生态文明与可持续发展的理念

① 郑富芝出席联合国教科文组织世界可持续发展教育大会并发言［EB/OL］.（2021-05-18）［2024-02-28］. http://www.moe.gov.cn/jyb_xwfb/gzdt_gzdt/moe_1485/202105/t20210518_532169.html.

和基本知识。二是全面依托国家课程标准，以生态文明教育为重点，将生态文明与可持续发展教育纳入国家教育事业发展规划，突出强调培养学生的环境保护观念、绿色低碳生活方式和危机应对能力，倡导学校开展健康生活、“双碳”目标等跨学科课程的线上线下教育。三是教师应基于不同学科教学内容，依据学生的不同发展阶段，设计开展混合式教学与课程间内部融通，充分利用互联网优势，帮助师生获取最前沿的教学资源，并促进学生学习网络的节点生成、扩展和信息流动；通过生态文明项目式学习、研究性学习与合作学习等方式，帮助学生建成学习共同体，完成知识节点的联结，持续提高学生的自主学习能力、写作能力、信息技能等可持续学习能力。总之，信息技术赋能生态文明教育的课程更新需要在正式与非正式、结构化与非结构化、中心化与分布式之间找到新的平衡。

充分发挥生态环境科普与宣传教育基地、生态研学基地等线上线下的学习资源作用，为学生课外活动提供场所、创造条件。各级各类学校应鼓励大中小学生参与课外生态环境保护综合实践活动，为保护与改变周边环境献计献策，同时逐渐将生态文明教育实践内容借助信息技术纳入学生综合考评体系。

二　信息技术赋能家庭生态文明教育

重视家庭教育以及学习型家庭的建设，意在推动建设学习型大国。家庭教育以及学习型家庭建设是一项冗杂的社会活动，在家庭教育中融入生态文明教育是新时代家庭教育的新要求。

技术何以赋能家庭生态文明教育？第一，要以人为中心，以家庭成员幸福、个性化的发展为目的，不断创设和开辟新的家庭教育新形态与新的教育场景，以解决家庭日常生活问题和实际需求为导向，以教育规律和人的发展规律为引导，实现向“数字信息化+家庭教育”的转变，在促进家庭成员和谐健康幸福快乐的发展过程中发挥信息技术的独特价值，让信息技术为育人服务，发展有温度的数字化教育。第二，生态文明教育行动优先，体现新时代学习型家庭的风采。各级政府与相关机构提供平等的技术资源与信息权利，使数字技术、工具、平台的应用起到促进家庭教育公平的作用，以此适应不同地区教育技术的普及程度、家庭使用习惯、社会文化等差异，使教育技术成为缩小教育鸿沟、推动教育多样化与差异化发展的有效工具。例如，来自不同地区的家庭成员可以通过信息技术开展生态文明知识的学习进而培养生态文明价值观，在生活中更加注重保护环境、节约资源、绿色消费、绿色出行，注重“三减一节”（减霾、减塑、减排和资源节约）、垃圾分类、废旧物品创新利用等。这些生态文明行为通过多种信息技术传播，让更多的家庭了解并践行生态文明，进而助力国家生态文明建设。

三 信息技术赋能社会与社区生态文明教育

《北京市学习型城市建设行动计划（2021—2025年）》的发布对于落实《北京市“十四五”时期教育改革和发展规划（2021—2025年）》具有重要意义。在全民终身学习时代，利用信息技术引导全社会开展生态文明教育愈加重要。各级政府应激励社会行为主体与校外场域参与教育发展过程，健全不同利益相关者参与社会对话和公共决策的渠道与机制，鼓励其通过线上线下等多种方式参与有关生态文明教育发展的公开讨论与对话。

第一，面向党政机关、企事业单位、学校、农村等不同主体利用各种学习平台开展生态文明教育，聚焦生态文明、美丽北京等主题，积极运用培训、微博微信、视频网站、手机客户端等开展线上线下宣传，让公众在学习生态文化的同时培养生态道德。例如，在每年的终身学习周内容中突出线上生物多样性日、世界海洋日、全国低碳日等主题学习与教育活动的宣传指导，让更多学习者参与到生态文明行动中，为保护环境、践行“双碳”目标贡献自己的智慧与力量。

第二，依托生态学习社区建设，以项目式学习、混合式学习等方式，帮助社区居民通过多种活动培养生态文明价值观，培育生态文明素养。在北京教育科学研究院终身学习与可持续发展教育研究所团队的指导下，延庆、石景山、朝阳等区开展生态文明教育进社区的实践活动，培育一批生态学习社区，依托“互联网+生态文明教育”模式，通过网络微课程、线上线下培训与指导，开展酵素制作、绿色阳台、生态楼门文化等活动，引导居民践行绿色生活、低碳行动等，使绿色生活方式成为公众的主动自觉选择。

第三，吸引更多利益相关者加入社会生态文明教育。各级政府应充分发挥信息技术的作用，通过互联网传播绿色生活与可持续消费理念，引导全民践行简约适度的工作与生活方式。同时，各级政府通过网络环保课堂等多种途径引领当地企业积极参与践行生态价值理念与生态文化传播，构建新时代绿色经济发展的商业模式。各级生态环境部门、共青团、妇联与公益组织通过网站、微信公众号等方式招募志愿者团队，引领更多的青少年以及各界力量参与到生态文明建设进程中。同时，充分利用互联网时代的信息资源，利用好环保科技场馆、数字科技、环保中心以及公共文化服务等设施，发挥生态文明教育功能。社会各方利益相关者积极参与，引领生态文明等教育进学校、进企业、进农村、进社区，讲好中国生态文明故事，通过信息技术传播中国生态文明行动，为社会提供更多的正能量。

第四，全方位保障生态文明教育，建设美丽中国。一是加强组织领导。各地可以成立行动计划实施工作领导小组，依托基层社区学院与新时代文明实践中心通过线上线下多种方式对生态文明宣传教育工作进行指导。生态环境、教育、文明等相关部门和共青团、妇联等社会团体加强协作，发挥各自优势，完善工作机制，形成工作合力。二是加强督导评估。各部门对生态文明教育实施情况定期利用信息技术等手段进行督导评估，总结典型经验，推广成熟模式，为社会各界参与生态文明建设提供榜样示范和价值引领。

联合国教科文组织 2021 年发布的《一起重新构想我们的未来：为教育打造新的社会契约》指出，地球正处于危险之中，去碳化和经济绿色化已经开始。如何发挥数字技术的变革潜力，让全世界更多的人参与其中，建立更公正公平的社会、健康的地球，为人类谋求更多的福祉是全球面临的新挑战。面向未来的生态文明教育应成为自然、人工和虚拟的学习场域结合的发展范式，构建一种新的关系型教育目标体系，强调人与人的彼此联结、人与自然的生态联结、人与技术的创新联结，引导学生正确认识、深刻理解人类与自身、环境、技术的关系。面向新时代，社会各行各业都需要坚持创新、协调、绿色、开放、共享的新发展理念，深入开展生态文明教育，提升全社会参与生态文明建设的高度社会责任感与使命感。

第四节　生态文明教育一体化实施与区域教育发展

区域全机构实施生态文明教育，各级各类教育系统借助教育外部资源，整合各方面资源优势，协同推进与发展。通过全机构开展生态文明教育与建设，积极促成全域生态共同体建设即实现教育生态化转型、产业生态化转型、社会生态化转型。采取纵横贯通的实验模式，实现基础教育、职业教育、幼儿教育和特殊教育相互融通，将生态文明教育纳入职业、成人、社区、企业培训的核心内容，为终身教育体系内容注入新内涵。建立生态文明教育主题的课程共修模式，以可持续学习课堂与课程建设为核心，推进跨学制、多学科、多类型师生的教育融合。同时，全机构开展生态文明教育推进，以区域资源为依托，开展多层面合作的生态文明行动，实现区域一体化发展。注重建立学校、政府、社会、企业等共同参与的可持续发展教育合作空间。

一　建立生态文明教育示范区

目前，北京教育科学研究院团队在北京市和全国建立了多个生态文明教育示范区，项目组和多个区域合作创建生态文明教育示范区高地，带动示范区的学校与政府、机构、企业等共同建立起生态文明教育的一体化推进模式。例如，北京市石景山区一体化推进生态文明与可持续发展教育示范区；北京市房山区乡村可持续发展教育特色示范区；北京市双井街道生态文明教育示范区；香港特区基于可持续发展目标的终身学习体系；河北省青龙满族自治县建设劳动基地，培育生态文明教育新风尚；内蒙古包头市绿色生产生活与绿色学校创建行动计划。

绿色示范学校建设主题使生态文明的种子落地，分步骤建设绿色示范学校，是生态文明教育的一项基础性工作。绿色示范学校的建设过程呈现出五个显著特点：一是将可持续发展教育理念、价值观融入办学思想；二是在课堂教学方式变革上，围绕创新学习方式，培养可持续学习能力、实践能力等进行改革；三是围绕“四个尊重”建设国家课程、地方课程、校本课程，形成课程体系；四是搭建平台，着力培养学生可持续生活方式；

五是创设可持续发展教育的校园文化环境。

二 高等教育产学研模式赋能区域生态文明建设

高等教育阶段作为生态文明主导者的培养阶段，以培养生态文明建设的规划者、建设者和传承者为目标，透过生态文明教育一体化的高等课程推进，结合知识、技能、价值观和态度三方面，从生态校园实践、教育教学与研究、项目制学习与服务等方面进行全方位变革式教育，包括学习内容、学习环境、教学法及成果的变革，培养大学生多层次系统思维规划能力、综合解决问题能力、关注相关持份者利益沟通与协作能力、颠覆性的创新能力、数据实证分析及管理能力等重要能力（见图 4-1）。

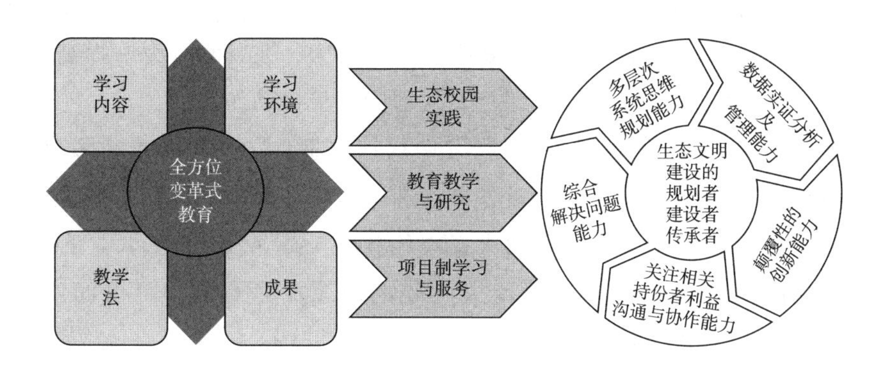

图 4-1 高等教育产学研模式赋能区域生态文明建设

首先，大学校园是大学生学习、生活、成长和发展的空间，是培养学生生态行为习惯的重要场所，通过校园生态设计传递尊重生态与环境的理念，增强学生节水、节能、节粮的生态文明意识；将价值观教育与知识学习及校园实践相结合，使学生在参与校园建设时主动思考如何尊重自然、节约资源；创新理念、工艺、材料等，并将中华优秀传统文化、校园文化、绿色文化融会贯通，提升学生观察、分析、解决问题的能力，并通过社交媒体、出版物、公共活动增强信息传播，提升学生对保护生态环境的认知。其次，课程教学与研究方面，基础课程采用研究性学习、体验式学习的教学方法，运用“全机构法”创造新型学习环境，结合哲学、可持续发展、生态学、环境保护、信息技术等理论与技术，建立跨学科、跨学校的教学与研究模块，通过在线课堂、面授课堂、工作坊、圆桌会议、考察、论坛、科研等灵活丰富的学习形式，以学分制度贯穿整个学习过程，作为学生的必修课、选修课和实践性活动；在专业课程方面，提升产、学、研协同推进绿色科技创新与变革，加强基础学科、应用学科交叉融合，引领前沿绿色科技，为生态文明发展构筑科技支撑。

围绕生态文明建设开展项目制学习与服务。实践教学是大学生态文明教育的主要教学方法，结合专业案例进行教学创新及思维方式的培养，运用现代工具进行循证分析，逐步优化教学内容，并在项目实践应用的具体实施过程中将不同的专业知识运用于社区服务项目，进行可持续发展规划，并透过实施实现规划目标，令大学生更加自信的进行职业生涯规划，融入社会进行专业、事业发展。同时，高校师生在项目实践中将绿色文化转化为绿色办公、绿色出行、绿色消费等具体的行为，在日常行为中提高绿色文化的认同感，为全社会践行绿色文化起到积极推动作用。

中国将生态文明建设作为国家发展规划的重点，将其融入经济建设、政治建设、文化建设、社会建设各方面和全过程。要培养符合生态文明建设要求的人才，就必须将立德树人根本任务融入高等教育的教学、科研等各个方面。生态文明教育“以德为先”的理念成为高等教育内涵发展、培养可持续发展人才不可或缺的重要内容。

第五节　生态文明教育一体化实施案例：S区J教育集团

一　集团概况

S区发展定位的其中重要一项就是打造“生态宜居示范区”，区域内的公民既要了解相关生态保护知识又要落实生态文明行动，具备相应素养。S区J教育集团位于S区西部，现有幼、小、初、高4个学段7000多名幼儿和学生，“固本鼎新、和合共生”是该集团的核心理念，这与生态文明教育的研究目标相契合。对教育集团内的幼儿及学生进行12—15年的生态文明教育连贯培养，使其掌握相关知识，树立尊重自然、顺应自然、保护自然的生态文明理念，提高学生生态文明素养、落实保护行动、增强社会责任感、形成正确的生态观，培养具备良好生态文明素养的公民。集团内学校致力于开展发展理念、学校文化与生态文明教育融合的研究；以生态文明为主题，开展人与自然、人与社会、人与人三维度多角度的学段衔接研究；以建立生态保护概念为知识目标，进行学科教学学段衔接研究；以养成绿色生活方式为行动目标，开展动物保护、节约资源、垃圾分类、循环利用、低碳环保等一体化德育主题活动学段衔接研究；以参与生物多样性保护为实践目标，开展一体化社会实践学段衔接研究。S 区 J 教育集团生态文明一体化主题活动设计如表 4-3 所示。

表 4-3　S 区 J 教育集团生态文明一体化主题活动设计

月份	主题	活动内容	活动形式
3 月	生态保护种植月	以 3 月“植树节”为契机，在全校范围内开展班级、校园、社团等形式多样的植树护绿和植物种植实践体验活动	幼儿园：打造班级植物角，照顾植物； 小学低段：打造班级植物角，了解植物特点； 小学高段：打造班级生态园，了解植物与环境、人类的关系； 初中：室内育种，写观察日记； 高中：温室大棚耕地育苗，观察种子和土壤的特点
4 月	生态文明实践月	了解、研究首钢环境变化、历史变迁、冬奥时期生态科技的运用与后冬奥时期生态科技对社会环境的影响	首钢冬奥园实践活动 幼儿园：亲子携手，走进首钢冬奥园（低碳出行）； 小学低段：感受美丽环境； 小学高段：了解首钢历史变迁； 初中：了解冬奥的生态科技； 高中：研究冬奥生态科技对环境的影响
5 月	生态文明劳动月	依托“五一劳动节”致敬劳动者，将劳动与环保教育有机融合，开展劳动实践活动	幼儿园：自己的事情自己做，争做老师的小帮手； 小学低段：积极参与班级劳动，维护良好的班级环境卫生； 小学高段：了解、体验学校保洁人员的工作，与保洁人员共同维护校园环境卫生； 初中：协助食堂人员做好餐后服务工作； 高中：和保洁人员共同做好校园垃圾分类
6 月	资源节约活动月	借助环境日开展“节水、节电、节粮”三节教育，集团在环境日举行节电一小时活动，引导、教育学生逐步将节能减排的科学观念与生活方式相结合	幼儿园：节粮教育，倡导光盘行动； 小学低段：了解节约益处，树立节约意识，了解节约方法； 小学高段：掌握节约方法，改变生活方式； 初中：带动家人共同节约，制定家庭节约计划； 高中：调查家庭和社区日常生活资源浪费现象，研究低碳减排的生活方式

续表

月份	主题	活动内容	活动形式
9月	校园生态科普月	带领新生熟悉校园生态环境，因地制宜开展校园生态保护知识科普活动，共同建设绿色生态校园	幼儿园：感受季节变化，开展园内采摘活动； 小学低段：认识校园植物，制作叶画； 小学高段：了解校园植物特点，绘制校园植物名片； 初中：了解校园植物，制作植物名片和标本； 高中：研究校园植物药用价值，制作校园植物志
10月	循环利用宣传月	进行节约使用、循环使用的宣传教育，开展物品互换、义卖活动；废弃物资源化利用，酵素及液肥制作	1. 循环使用，义卖互动 幼儿园：物品互换，循环使用； 小学、初中、高中：物品义卖，循环使用； 2. 废弃物资源化利用，酵素及液肥制作 小学：酵素制作； 初中：推广宣传； 高中：完成生物种群分析及研究报告
11月	生态知识传递月	开展学段三携手活动；学校以有声有色、形式多样的活动将生态文明知识融入学校教育教学中	高中：高中生到初中分享病虫害防治知识与实践方法； 初中：初中生到小学，结合种植体验介绍生物物种知识与特点； 小学：小学生到幼儿园，以故事的形式介绍生态文明小知识
12月	生态作品展示月	各学段进行生态文明主题作品展示活动，教育集团进行表彰	幼儿园：制作绘画、手工生态文明作品； 小学：制作绘画、书法、手工生态文明作品； 初中：生态文明文艺展示； 高中：生态文明原创诗歌、摄影、视频作品网络推送

二　S区J教育集团生态文明教育一体化实施的特色分析

（一）生态文明教育多维路径

一是文化育人。在班级、校园中进行物质、景观、环境等方面的生态文化嵌入式教育，营造生态文化氛围；邀请专家、学者针对不同年龄段学生举办生动的讲座，拓宽教育渠道。

二是课程育人。语文、生物、历史、地理、道法等学科在不同学段的教学设计中关注生态文明教育，做到学科教学与日常生活相结合，与品德教育相结合；在班会上按年龄特点、学生认知规律讲授包含衣、食、劳、用、行以及与生态保护有关的教育内容，逐步使学生达到知、情、意、行的统一。

三是实践育人。社会实践活动贯穿整体设计，运用行前指导—实践学习—活动思考—深入研究层层递进的学习方式，增强学习效果，提供个性化学习方式，培养特长学生成长；开展跨学段的实践教育活动，形成高—初—小—幼的“大手拉小手”共同进步走的学习活动。拓展学生参与活动的边界，增强学生责任感，提升参与生态文明活动的热情，推动不同学段学生的积极参与、相互交流，形成学段间的有效沟通。

四是活动育人。班级和学校开展生态保护指导活动，促进习惯养成和能力提高；加强兴趣小组、社团的活动开发，培养专长学生的个性化学习需求。社会实践地点辐射全北京，主要使学生了解北京生物多样性环境的保护，以及增强环保意识。学习难度也层级递增，使学生逐步掌握生态保护知识，具备相应能力和意识。

五是协同育人。开展家校协助活动，以家长讲堂提升家庭教育水平，以校园家长日促进家校间的交流；评选生态文明家庭促进家校教育统一，形成合力，并鼓励、表彰优秀家长及家庭。

（二）多元评价灵活可行

S 区 J 教育集团内各学校为促使学生生态文明意识的形成、习惯的养成，通过多维度、多方式、多机制的评价加以推动。在多维度评价方面，关于知识评价，主要根据不同学段年龄特点和学科教学知识内容进行生态文明要素渗透，充分发挥课程德育效果，从情感、原理、发展等角度引导知识获得并给予积极正向的评价，同时开展讲故事、演讲、知识竞赛等活动鼓励学生善于思考、勇于展示，各学校积极表彰突出个体。关于能力评价，S 区 J 教育集团内各学校通过综合社会实践活动和兴趣社团学习调动学生主动参与生态保护的积极性，教师适时地进行指导与评价，不断促使学生由知到行转变，在能力上得以不断提高。倡导家长带领或跟随学生共同践行低碳、绿色的生活方式，认同学生行为并加以鼓励。

（三）评价方式力求多元

自我评价与他人评价：学校采取包括学生自评、伙伴互评、教师点评、家长参评的多元评价体系，对学生的生态文明素养进行全面评价。其中学生自评从个人行为、合作能力、效果产生的维度进行评价，并且通过查询个人“碳”足迹的方式在“衣、食、住、用、行”等方面进行个体“碳”排放效果评价；伙伴互评重在发挥同伴间的互补互助作用，以促进共同成长；教师点评重在发挥教师的引领作用，引导学生用所学知识主动落实行动；家长参评主要是发挥家校合力的作用并带动家长携手完成任务。

结果性评价与过程性评价：生态文明教育是一个持续化、动态化的过程，既要关注学生在日常生活中的点滴进步，也要关注最终所呈现的教育成果。

（四）评价机制重在激励

一是奖章激励机制，即集团内各学校在各学段评选季度生态文明个人之星，学期中评选生态文明优秀个人，学期末还要进行生态文明家庭和突出贡献个人评选，为表现突出的个体颁发奖章并在校园网、校园公示栏宣传。

二是成果展示机制，各学段定期开展生态文明主题征文、绘画、书法、废旧物品再利用的作品展示。初高中学段召开学科研究和实践研究成果汇报会并利用校园讲坛等多种形式进行宣传。每年 11 月是“生态知识传递月”，在该月进行跨学段的学习成果汇报，形式多样、效果显著。

三是荣誉激励机制，教育集团内各学校将生态文明教育评价结果融入各项综合荣誉评选当中，如“三好学生”“十佳少先队员”“五育之星”等，这也是评选优秀班集体的重要参考依据。根据学校推荐每年推选在生态文明建设中有突出表现的师生获评“教育集团生态文明突出贡献奖”“生态保护优秀家庭奖”。

第五章　面向2050年的生态文明教育展望

第一节　教育数字化发展的国际趋势

2022年，党的二十大胜利召开，党的二十大报告明确指出："教育、科技、人才是全面建设社会主义现代化国家的基础性、战略性支撑。"① 教育技术的发展是教育科技发展和人才培养的重要保障。新冠疫情发生以来，由于时空的间歇性分离，教育技术在保障教学、促进管理方面的作用日益突出。因此，回顾2022年全球教育技术的发展，梳理教育技术政策、实践和理念等方面的典型事件对于促进未来的教与学实践具有重要意义。2022年，教育数字化转型成为国际领域的重要趋势，各个国家和国际组织先后出台政策推动教育数字化转型发展。联合国教科文组织发布《教育信息化政策和宏观规划指导纲要》，对信息通信技术（ICT）在教育领域应用的必要性、实施原则及指导意见进行了详细阐述，其第五部分针对ICT在学校教育、高等教育、课程与评价等方面的设计进行了介绍，为教育数字化转型提供了参考。② 相应地，我国教育部也在2022年启动国家教育数字化战略行动，并从基础设施和公共服务的角度出发，建设国家智慧教育平台，该平台包括四个子平台，即国家中小学智慧教育平台、国家职业教育智慧教育平台、国家高等教育智慧教育平台、国家24365大学生就业服务平台，力

---

① 习近平. 高举中国特色社会主义伟大旗帜 为全面建设社会主义现代化国家而团结奋斗——在中国共产党第二十次全国代表大会上的报告［M］. 北京：人民出版社，2022：33.

② UNESCO. Guidelines for ICT in Education Policies and Masterplans［R/OL］. https://unesdoc.unesco.org/ark:/48223/pf0000380926.

求通过统一、开放的技术和服务，促进教育的公平、快速、优质发展。[①] 与此同时，韩国教育部也制订了《2022年教育信息化实施计划》，该计划打造了以“AI+ICBM”（IoT、Cloud Computing、Big Data、Mobile）为基础的教育数字化框架，以此为基础，建设数字化教育公共服务体系，用以支持未来数字化人才培养。[②] 教育数字化转型成为国家战略。

一 构建面向智能时代的课程体系

面向智能时代的课程建设是促进人才培养的基础，为此，联合国教科文组织发布了题为《K-12人工智能课程：政府认可的人工智能课程蓝图》的报告。该报告是国际范围内关于K-12阶段人工智能课程的第一份报告，期望培养学习者理解、运用人工智能技术，开展符合伦理的实践的能力。该报告基于联合国教科文组织与好未来教育集团对国际上关于政府支持的人工智能课程建设状况的调研，旨在提出国际通用的K-12阶段人工智能课程指导框架，对各国开展基础教育阶段的人工智能教育课程建设、工具研发提供参考。但在课程体系建设过程中，我们也要关注传统教育的价值以及社会人际关系对学生发展的作用，使学生合理运用技术，实现全面发展。[③]

技术赋能的教与学发展离不开创新的教学理念，2022年，学习科学领域持续发展，该年度也是国际学习科学学会（International Society of the Learning Sciences）成立20周年，该学会致力于通过跨学科的方式，探究学习的发生规律并促进有效的实践。2022年该学会年会在广岛召开，以“面向全民教育创新的国际化合作：整体研究、发展与实践”为核心议题，一方面探索教育技术创新及其支持的学习环境设计，另一方面探索在线上线下混合常态下如何以创新技术赋能新的教学设计。[④] 基于对该领域的研究，由Sawyer主编的《剑桥学习科学手册》（第3版）（*The Cambridge Handbook*

---

① 中华人民共和国教育部．国家智慧教育平台正式上线［EB/OL］．(2022-03-29)［2024-02-28］．http：//www.moe.gov.cn/jyb_xwfb/s5147/202203/t20220329_611601.html.

② 韩国教育部．2022年教育信息化实施计划［EB/OL］．(2022-08-22)［2022-12-08］．https：//www.korea.kr/news/policyNewsView.do? newsId=156521928.

③ UNESCO. K-12 AI Curricula：A Mapping of Government-endorsed AI Curricula［R/OL］．https：//unesdoc.unesco.org/ark：/48223/pf0000380602.

④ ISLS. ISLS Annual 2022［EB/OL］．https：//2022.isls.org/.

of the Learning Sciences, *3rd Edition*）也于2022年正式出版，该手册是对近年来该领域理论、方法、关键技术、教学实践等方面的系统梳理，体现了该领域持续的创新与实践。[①] 与此同时，由英国开放大学负责编写的《创新教学报告2022》正式出版，该报告自2012年首次发行起至今已历经10余年，为教学法创新积累了诸多案例。在10余年的发展过程中，教学法经历了从新技术的应用到技术与教学完全融合的发展过程，《创新教学报告2022》的一个明显特点是更加注重学习场景的灵活性、学习者作为学习主体的个性化需求，以及教育作为育人活动的情感和人文关怀。[②]

二　教育元宇宙赋能教育新样态

教育教学对虚实融合环境的需求不断提高，教育元宇宙也成为重点议题。2022年2月，美国布鲁金斯学会发布了题为《一个全新的世界：当教育遇上元宇宙》的报告。该报告将元宇宙定义为依托5G、人工智能、混合现实等关键技术，融合虚拟和现实空间的超时空，而教育元宇宙则是依托元宇宙技术开展的教与学活动。该报告一方面介绍了教育元宇宙的趋势，鼓励教师、学习者和学校积极把握机遇，推进学校环境建设，为促进教与学的变革提供条件；另一方面为教育元宇宙发展提出了建议，即不仅要关注技术环境建设，还应关注学习科学理论对学习环境设计的指导作用。[③]

随着在线学习成为教育领域的新常态，泛在、个性的数字化学习资源的供给成为教育领域关注的核心问题。在此背景下，一种内容与结构松耦合的适应性学习资源模型及支持体系于2022年被正式提出，该模型基于北京师范大学2021年发布的国际标准——泛在学习资源组织与描述框架（Ubiquitous Learning Resource Organization and Description Framework），将学习资源的内容与结构进行解耦，一方面构建了支持随学习需求自适应组织的动态结构，另一方面通过学习元容器汇聚不同类型的素材，支持对动态

---

① Keith Sawyer. The Cambridge Handbook of the Learning Sciences（3rd Edition）[M]. Cambridge University Press，2022.

② Open University. Innovating Pedagogy 2022 [R/OL]. https：//www. open. ac. uk/blogs/innovating/.

③ BrookingsEDU. A Whole New World Education Meets the Metaverse [EB/OL]. https：//www. brookings. edu/research/a-whole-ne.

结构的适应性填充，实现学习资源供给的开放性和千人千面的多态性。[①] 2022 年联合国教科文组织与上海开放大学联合发布题为《全球政策和实践研究报告：以人工智能为支撑，推动全球数字公民教育》的报告。该报告聚焦社会对公民数字化技能的新要求，分析了当前各个国家在数字公民教育方面的问题及实践案例，阐述了上述案例在促进数字公民教育方面的作用。该报告指出将设计一套促进数字公民教育的混合式教学模式，以前沿的框架、体系化的策略、实践案例推进全球数字公民教育发展。[②] 与此相对应，OECD PISA 2022 测试也日益关注学习者的数字化高阶能力，增加了面向参与国家 15 岁学生的创造力数字化测评项目。[③] 爱尔兰教育部发布《学校数字战略 2027》，并捐赠 5000 万欧元，用于支持官方认可的中小学数字技术基础设施建设。该战略旨在协调政策、研究和数字领导力，推进数字技术基础设施建设，并将数字技术嵌入教学、学习和评估中，使所有学校的学生都有机会学习相关知识和技能，以适应不断发展变化的数字时代。[④] 与此同时，澳大利亚教育、技能与就业部提供 1070 万澳元开展数字技能学员试验项目，该试验项目旨在为从业者提供个体成长机会，发展其数字化能力，进而提升相关企业的创新能力。[⑤]

为应对新冠疫情对教育系统产生的影响，联合国教科文组织统计研究所（UIS）于 2022 年 3 月启动教育数据指标更新，从而更好地支持政策制定与教育发展。该项目针对实现公平高质量教育（Sustainable Development Goal 4，SDG4）发布了最新教育数据和指标，该数据覆盖了 200 个国家和地

---

① 王琦，余胜泉，万海鹏．内容与结构松耦合的适应性学习资源模型及应用研究［J］．电化教育研究，2022（03）：51-59.

② IITE. Global Research Policy Practices Report Advancing Artificial Intelligence Supported Global Digital Citizenship Education［R/OL］. https：//iite. unesco. org/publications/global-research-policy-practices-report-advancing-artificial-intelligence-supported-global-digital-citizenship-education/.

③ OECD PISA 2022 Creative Thinking［EB/OL］. https：//www. oecd. org/pisa/innovation/creative-thinking/.

④ Minister Foley Publishes Digital Strategy for Schools to 2027 and Announces Payment of €50 Million in ICT Grant Funding for Schools［EB/OL］. https：//www. gov. ie/en/press-release/423f8-minister-foley-publishes-digital-strategy-forschools-to-2027-and-announces-payment-of-50-million-in-ict-grant-funding-for-schools/.

⑤ Minister's Media Centre. Morrison Government Announces Successful Bids to Train Tech Talent［EB/OL］. https：//ministers. dese. gov. au/robert/morrison-government-announces-successful-bids-train-tech-talent.

区，数据指标包含每个国家在教育方面的支出、获得不同层次教育公民以及师资比例等，这些数据可以进行批量下载，用于分析不同国家在实现优质公平教育方面存在的问题，进而辅助数字化教育决策和治理。[①]

通过对2022年国际上教育技术典型事件的梳理，可以发现当前教育技术领域的核心目标为以技术赋能教与学的优质、公平发展。围绕该核心目标以及人、环境、资源等实现教与学变革的关键要素，各大国际组织、国家政府以及地区相继出台政策，推进技术赋能的教师发展、人才培养、教学环境建设、数字化资源库建设。这些政策和实践也为其他国家的教育信息化建设提供了指导，为未来生态文明与可持续发展教育的持续深入发展提供了动力。

第二节　面向可持续发展目标的生态学习社区

随着知识型经济社会的转型发展，学习型社会是未来社会发展的必然趋势。生态文明建设是美丽中国建设的助推器，社区是城市最基本的治理单元，生态学习社区的建设和发展将为生态文明建设提供重要支撑。本节讨论了生态学习社区发展的时代逻辑及实现的价值创新，并从党建引领、全机构参与社区教育、“五社”联动创新社区治理以及创设社区数字智慧学习环境四个层面提出了生态学习社区建设的实践进路。

一　生态学习社区发展的时代背景

党的十八大以来，习近平总书记在生态文明建设和学习型社会构建等方面做出了深刻阐述。“坚持人与自然和谐共生”“绿水青山就是金山银山”[②] 指出了自然环境和资源的重要价值，推动生态文明建设必须坚持生态文明教育，为美丽中国建设打下基础，而且需要主动来一场“学习的革命”，“加快建设学习型社会，大力提高国民素质”。[③] 教育部部长怀进鹏指

---

① UNESCO Institute for Statistics. Launch of Education Data Refresh [EB/OL]. http://uis.unesco.org/en/news/launch-education-data-refresh-w-world-education-meets-the-metaverse/.

② 习近平谈治国理政：第4卷［M］. 北京：外文出版社，2022：10、361.

③ 教育部办公厅关于举办2018年全民终身学习活动周的通知［EB/OL］.（2022-08-21）［2024-02-28］. http://www.moe.gov.cn/srcsite/A07/zcs_cxsh/201808/t20180820_345671.html.

出，教育是人类可持续发展的重要基础。通过绿色教育推动生态文明建设，实现人与自然和谐共处。推进终身教育与职业教育，建设学习型社会，更加注重人类命运共同体意识的培育[①]，生态文明教育和学习型社会建设融合与创新发展是推动美丽中国建设的未来实践。联合国发布的《2030 年可持续发展议程》将“优质教育”和“可持续城市与社区”作为目标之一，呼吁各国让全民终身享有学习机会，也为未来学习型社会建设指明了正确的方向。未来社会的发展，要把生态文明与可持续发展教育放在首位，确保各年龄段的学习者成为积极的贡献者，为更可持续的社会和健康的地球做出贡献。[②]

社区是通过血缘、邻里和朋友关系建立起来的共同体，它的基础是本质意志，本质意志表现为意向、习惯、回忆，它与生命过程密不可分，社区成员对本社区具有强烈的认同意识[③]，社区是靠本质意志建立的共同体，处在同一共同体中的成员之间相互影响，在这一共同体中，可以通过建设学习共同体来使成员树立、保持终身学习和生态文明的理念，从而提升社区居民生态文明素养和社区学习力，达到社区居民和社区的可持续发展。史枫、张婧认为，“生态学习社区”是生态社区和学习型社区的有机融合，是以生态文明思想与终身学习理念为指导，以社区学习环境与资源为依托，共同开展多层面学习与生态文明行动，持续提升社区居民生态文明素养和社区学习力，优化生态人居环境，形成新时代人与社区和谐发展、可持续发展的社区形态。[④] 生态学习社区建设既能使社区居民在潜移默化中接受终身教育、保持终身学习的思想，又能够帮助其树立生态文明观念，促进个人的可持续发展，形成社区居民与社区的可持续发展，并最终推动生态文明建设，助力美丽中国建设。

---

① 怀进鹏出席教育变革峰会预备会议及 2030 年教育高级别指导委员会领导小组会议［EB/OL］.（2022-06-29）［2024-02-28］. http://www.moe.gov.cn/jyb_xwfb/gzdt_gzdt/moe_1485/202206/t20220629_641937.html.

② 王巧玲，张婧，史根东．联合国教科文组织世界可持续发展教育大会召开——重塑教育使命：为地球学习，为可持续发展行动［J］. 上海教育，2021（24）：44-47.

③（德）斐迪南·滕尼斯．共同体与社会 纯粹社会学的基本概念［M］. 林荣远译．商务印书馆，1999.

④ 史枫，张婧．新时期生态学习社区：概念内涵、特色构建与推进方略［J］. 职教论坛，2020（06）：111-118.

二　生态学习社区构建的基本逻辑

（一）推进生态文明是建设美丽中国的需要

19世纪60年代，蕾切尔·卡逊所著的《寂静的春天》一经出版，就引发了世界各国对生态环境问题的广泛讨论与关注。1987年，联合国召开关于环境教育的培训大会，由世界环境与发展委员会发表了《我们共同的未来》，首次提出“可持续发展”思想，人们开始反思经济发展所带来的各种生态问题、环境问题、社会问题等，《2030年可持续发展议程》中明确了17个可持续发展目标，再次呼吁世界各国共同推动可持续发展。生态文明理念是中国实施可持续发展战略的思想基础，中国的城市建设以“花园城市、健康城市、美丽城市”等来命名，并且提出建设生态城市，生态城市是一种理想的城市模式，是可持续发展的城市，这与生态文明建设的核心观点是一脉相承的。

近年来，生态危机和环境问题频发，倒逼世界各国必须在生态环境保护方面拿出实际行动，中国在这方面走在世界前列。习近平总书记在生态文明体制改革和生态文明建设方面有许多重要论断，习近平总书记提出“要像保护眼睛一样保护生态环境，像对待生命一样对待生态环境”，“绿水青山就是金山银山”，“山水林田湖是一个生命共同体”。[①] 由山川、林草、湖沼等组成的自然生态系统，存在无数相互依存、紧密联系的有机链条，牵一发而动全身。每个人都是自然的一部分，违背自然规律和破坏环境，不是个人可能会遭到自然的惩罚，而是整个人类社会都可能会遭到自然的惩罚。无论是谁都应该意识到自己是生态环境的一部分，相应的行为会在一定程度上影响生态系统，甚至影响生态环保大局，所以我们必须增强生态文明意识，开展生态文明行动，做到“知行合一”。2021年发布的《“美丽中国，我是行动者”提升公民生态文明意识行动计划（2021—2025年）》提出，要引导全社会积极主动地参与生态文明建设，推动生态文明教育进社区，通过对社区居民生态文明知识和技能培训，提升其生态文明

---

① 习近平关于社会主义生态文明建设论述摘编［M］. 北京：中央文献出版社，2017：8、12、55.

意识和环保科学素养。特别是在“双碳”目标背景下，《中国应对气候变化的政策与行动 2020 年度报告》的发布表明碳达峰、碳中和在生态文明建设整体布局中的重要性不言而喻，倡导全体社会成员形成绿色、环保、低碳的生活方式。[①] 生态学习社区的建设顺应了时代发展的潮流，通过社区内生态文明理念的传播，倡导社区居民形成绿色、低碳生活方式对推动中国生态文明建设、助力美丽中国建设具有十分重要的作用。

（二）树立终身学习理念和学习型社会构建的需要

党的二十大报告明确提出“建设全民终身学习的学习型社会、学习型大国”[②]。构建终身教育体系，满足居民可以全时段、全场域学习的需求，构建学习型社区可以为居民提供相应资源，帮助居民树立终身学习理念。[③] 传统的社区教育对社区居民具有一定的促进作用，但从某种程度上说，这种教育是具有一定的功利性的，它帮助社区居民获取和练就一定的知识和能力，以助其获得更好的生活条件或个人发展，生态学习社区的建设意在通过社区教育传播生态文明理念，推动社区居民与社区可持续发展，以生态文明理念为指导的生态学习社区的发展能够增强社区居民生态文明意识和提升生态文明素养，弥补传统社区教育中生态文明理念教育的缺失，而社区作为学习型社会建设的基本单元，以终身教育和终身学习理念为指导的生态学习社区的建立与发展也有利于推动社区教育的发展与完善，帮助社区居民树立终身学习的理念，从而推动学习型社会构建。生态学习社区是当代中国城市社区生态现代化建设可持续发展的必由之路，是生态文明建设的重要助推器，是美丽中国建设的必然要求。2021 年北京市教育委员会等十六部门联合印发的《北京市学习型城市建设行动计划（2021—2025 年）》十大工程中第四条明确表示“建设美丽北京，生态文明教育工程”，“创新生态文明社会教育，提升首都市民生态文明意识，促进生产生活方式

---

① 中华人民共和国生态环境部．中国应对气候变化的政策与行动 2020 年度报告［EB/OL］.（2021-07-13）［2024-02-28］. https：//www.mee.gov.cn/ywgz/ydqhbh/syqhbh/202107/W020210713306911348109.pdf.

② 习近平．高举中国特色社会主义伟大旗帜 为全面建设社会主义现代化国家而团结奋斗——在中国共产党第二十次全国代表大会上的报告［M］. 北京：人民出版社，2022：34.

③ 张婧，史枫，赵志磊．面向可持续发展目标的生态学习型社区：范式特征与实践路径［J］. 北京宣武红旗业余大学学报，2021（01）：12-18.

绿色转型”，“加强社区教育和终身学习服务”等[1]，以社区为基本单位，构建生态学习社区，助力学习型城市建设，助推美丽中国建设。

（三）社区治理复杂化的现实需求

随着社会发展，社区治理情况日益复杂。一是随着中国城乡一体化和城镇化进程的不断推进，大量外来人口涌入城市社区，并且成为社区常住性人口，由于外来人员与本地居民之间在思想理念、需求服务、生活习惯等方面也存在一定的差异性，社区人口结构逐渐多元化，并且相当一部分人员也加入了相应的社区学习共同体，而现有的社区治理机制在一定程度上滞后于社区发展的管理需求，使社区在治理过程中面临安全、稳定、有效、社区服务供给等现实问题，如何将这种具有差异性的多元人口结构有机团结起来，实现社区有效治理是今后社区必须解决的问题。二是现有的社区治理中存在参与主体单一的问题，在现有体制下，基层治理主要是以社区、街道为主体，一般的社区活动都是以老年人为主体开办的，社区其他居民参与度相对较低。这种参与度低、单向推进的社区治理方式是构建共建、共治、共享的治理新格局的主要阻碍因素。三是由于社区人员结构多元化问题，在一定程度上社区居民缺乏相应的社区共同体意识，不会把社区作为共同的家园，所以居民环保意识相对薄弱，社区生态环境保护意识不强，生态学习社区的构建能够培养社区居民共同体意识，提升居民生态环保意识，是实现社区有效治理的重要途径。将生态学习社区的构建作为实现未来社区有效治理的社区模式，适应社区治理日益复杂化需求、突破传统社区治理效能不足的问题，是社会乃至时代发展的需要。

三　生态学习社区的创新价值

（一）生态文明教育理念的价值取向提升社区居民生活幸福感

生态学习社区是要构建一个以以人为本为价值取向，以生态文明理念和终身学习理念为指导的社区学习共同体，社区居民之间的人际交往、“伙

---

① 中共北京市委教育工作委员会 北京市教育委员会等十六部门关于印发《北京市学习型城市建设行动计划（2021—2025年）》的通知［EB/OL］.（2021-12-07）［2024-02-28］. https：//jw. beijing. gov. cn/xxgk/zfxxgkml/zfgkzcwj/zwgzdt/202112/t20211207_ 2555411. html.

伴”关系使得互助学习成为可能[①]，社区学习共同体可以开展各种各样的“互学互助式”的学习活动。在这个共同体中，强调社区居民全民参与，社区居民之间协作学习，并且开展多种学习挑战活动、居民交流互动和学习者互助等[②]，居民们可以畅所欲言，不用隐藏自己，在一个轻松的氛围中充分表达出自己的想法和建议，而且可以充分发挥社区中优秀人才作用，开展广泛性、群众性的社区公益行动，如生态文明科普、法律咨询、艺术培训活动等，增强社区居民的价值实现感，提升居民的需求满足感，社区教育目标是培养具有终身学习意识、生态文明理念和健康和谐的社区居民，创设低碳宜居、学习氛围浓厚的社区环境，通过帮助社区居民的自我价值再实现，优化社区居民人居环境，全面提高社区居民的幸福感。

（二）通过社区教育资源优化配置促进生态文明教育创新发展

1992 年联合国环境与发展大会通过的《21 世纪议程》就曾提出“教育是实现可持续发展的关键”。生态学习社区打破社会、学校和家庭的界限，通过联结家庭—社区—学校—社会，实现综合性的教育资源和内容的整合，以数字化建设引领社区教育资源建设，依托网络技术，搭建网络教学平台，以生态文明理念和终身学习理念为指引，以促进社区居民的可持续发展为目的，通过整合社区教育资源，拓展社区教育平台，使社区居民能够最大限度地利用相关资源，树立终身学习理念，促进个人可持续发展。生态学习社区的所有社区资源均对全部社区居民开放，社区生态文明教育需要社区联合家庭、学校、企业、社会组织等各方力量相互协调、协作，通过发挥各自优势，加强交流沟通，依托各种绿色学校、环境友好型企业、生态农业示范园区等推进项目实施，通过劳动教育、社区生态文明教育项目等，为社区居民、大中小学生接受生态文明教育和实践创造良好空间，促进社区教育的可持续发展。在地化学习和项目式学习是生态学习社区推动社区教育发展的重要手段，如北京生态涵养区延庆区的悦安居社区，该社区依托自身区位优势，开展了植

---

① Jennifer S., Janice K., Susanna L. J., Sarah R.. Leveraging Partnerships for a Nursing Home COVID Learning Community [J]. Innovation in Aging, 2021, 5 (1).

② Parlier T. Richard, Rocconi Louis M., Skolits Gary, Davidson Christopher T.. The Effect of Learning Community Participation on Community College Students' Perceptions of Learning Gains and Engagement [J]. Community College Journal of Research and Practice, 2022, 46 (4).

物画制作、芽苗菜种植、环保酵素制作等项目学习活动，激发了社区居民参与生态学习社区建设热情，同时也提升了居民生态文明素养。

（三）社会治理与社区治理的创新实践助力美丽家园建设

社区是依靠情感、内心倾向等本质意志一致形成的共同体，是以亲朋、邻里等人际关系为基础所构建的“情理”社会，是治理、文化、经济共同体。[①] 社区建设与社区治理是社会治理能力与治理体系现代化的基石，在社区治理方面，生态学习社区通过生态文明教育和终身学习理念的传播，可以增强社区居民的社会责任感，使社区居民人人参与，自觉形成低碳生活，关心社区环境、垃圾分类、废物回收利用、共同学习的行为方式，营造社区学习、社区文化和社区文明氛围，鼓励社区居民积极主动地参与到社区治理之中。《中共中央关于坚持和完善中国特色社会主义制度 推进国家治理体系和治理能力现代化若干重大问题的决定》提出，“坚持和完善共建共治共享的社会治理制度”[②]，通过社区建立激励社区居民参与绿色文明社区建设的治理机制，鼓励社区居民共同将社区建成绿色文明、环境友好、互助学习、和谐亲密的生态学习社区。而生态学习社区对社区治理模式的创新实践，也有利于形成共建、共商、共学、共治、共享的社区治理新模式，通过将治理重心下沉到社区，依靠社区居民在基层社区内解决各种矛盾问题，以治理机制优化推进治理社会化。[③]

四　终身学习背景下的生态学习社区推进的实践进路

（一）“党建+”助力社区生态文明深入推进

党的领导是推进我国生态文明建设的基本原则和重大经验，要联合社区党建活动，团结所有党员共同建设生态学习社区。一是要加强党建引领的作用，坚持以习近平生态文明思想和绿色发展观为指导，广泛宣传、定

---

① 袁方成，周韦龙．从振兴共同体到共同体振兴：乡村振兴的乡贤逻辑［J］．社会主义研究，2022（02）：101-109.

② 中共中央关于坚持和完善中国特色社会主义制度 推进国家治理体系和治理能力现代化若干重大问题的决定［M］．北京：人民出版社，2019：28.

③ 姜晓萍，阿海曲洛．社会治理体系的要素构成与治理效能转化［J］．理论探讨，2020（03）：142-148+2.

期组织学习领悟习近平生态文明思想和终身学习理念，把生态文明建设贯穿于党内活动，使党员在“党建+生态文明学习”上能够做到思想自觉、行动自觉，发挥党员的榜样、示范作用，并且通过“线上+线下”方式，创新党员联系群众的交流模式，社区党员可以多渠道向群众传递生态文明思想和终身学习理念；二是加强组织领导建设，强化社区人才选拔，选用了解生态文明和绿色发展的优质人才到社区基层协助开展生态文明建设，并设立考察制度；三是完善社会管理体制，建立长效机制。生态学习社区建设涉及多个部门，需要紧紧依靠党的领导，调动各方社会力量，形成领导、决策、社会监督、公众参与力，把“党建+生态文明学习”作为长期重点工程，推动落实长效机制。很多社区都在党建活动中开展了社区生态文明教育活动，如举办生态文明专题讲座，开展“共建生态文明，共享绿色未来”主题党日活动，在“6·5世界环境日”通过张贴环保倡议书、入户发放宣传资料、清理各种垃圾等，发挥党员先锋模范作用，宣传带动社区居民共同开展生态文明实践活动。

（二）通过社区教育实践重构提升居民生态文明素养

《中国教育现代化2035》中提出“构建服务全民的终身学习体系……扩大社区教育资源供给，加快发展城乡社区老年教育，推动各类学习型组织建设”[①]。社区教育是终身教育体系的基石、社区治理体系的中心环节，在社会体系建设、民生福祉和精神家园建设中扮演着重要的角色[②]，加强社区居民对生态文明的认识，强化居民生态文明法治、伦理道德意识，帮助居民树立生态文明参与意识，将终身学习、终身教育理念融入社区教育是实现社区教育可持续发展的现实要求。通过社区教育重构，在终身学习理念引导下，生态学习社区期望建立一个社区生态学习共同体，以“本质意志、共同学习、互帮互助”为社区生态学习共同体的核心支撑。首先，社区生态学习共同体是社区居民本质意志的体现，是社区居民聚集在一起所形成的自发性组织，与各社区居民生活相关，尤其是在社区生态环境建设和环

---

① 中共中央、国务院印发《中国教育现代化2035》[EB/OL].（2019-02-23）[2024-02-28]. http://www.gov.cn/xinwen/2019-02/23/content_5367987.htm.

② 陈乃林. 新时期社区教育发展的反思与前瞻[J]. 广州城市职业学院学报，2021（04）：1-10.

境保护方面相关。其次，社区生态学习共同体的目的是满足社区居民关于共同学习的要求，特别是关于生态文明知识方面的需求，在此过程中，社区居民通过共同学习，探寻生态环境保护方面的兴趣爱好，同时深化对生态文明的认识，逐渐提升自身生态文明素养，此外，居民还可以自由表达自己对于生态文明知识的学习需求，形成共同的学习目标，通过共同学习、相互探讨不同的学习目标，为居民实现自我的人生价值提供一定的机会。最后，社区生态学习共同体还希望居民通过形成长期互帮互助的关系，建立一个具有归属感的精神家园，增强社区居民的社区认同感，实现社区可持续发展和社区居民个人可持续发展。

（三）通过“五社”联动共建共治提升社区治理效能

2021年4月，中共中央、国务院印发的《关于加强基层治理体系和治理能力现代化建设的意见》指出，完善社会力量参与基层治理激励政策，创新社区与社会组织、社会工作者、社区志愿者、社会慈善资源的联动机制。充分发掘和利用社区公益慈善资源，提升基层治理效能。2022年“世界社会工作日”的主题是“共建生态社会新世界，不让任何人掉队”，无论是社区环境生态保护还是社区生态治理，未来都应体现并赋能“五社”联动。“五社”联动既是打造共建共治共享的基层社会治理共同体的重要途径，也是加强社区治理体系和治理能力现代化建设的基本趋势。[①] 生态学习社区建设需要依靠“五社”联动实现社区治理转型，促进社区与社区居民可持续发展，这就要求“五社”必须充分融合发展，一是在党建引领下发挥社区在“五社”联动中的基础性平台作用；二是赋权社会组织，引导社会组织积极合法介入，充分发挥社会组织在社区发展中的服务功能，承担政府或其他部门所转移的一些职能；三是以专业化、职业化为引领，提升社会工作者在基层社区治理中的专业服务水平；四是以组织化、制度化和规范化引导社区志愿者有序参与社区治理，与社会工作者形成优势互补、互动；五是搭建社会慈善资源与社区治理之间的桥梁，弥补其他方面的缺失，推动社会慈善资源进社区，为有需要的社区居民提供帮助和支持。

---

① 原珂，赵建玲．“五社”联动助力基层社会治理共同体建设［J］．河南社会科学，2022（04）：75-82．

（四）推进教育数字化创设智慧学习环境助力美丽中国建设

国家“十四五”规划纲要提出，“以数字化转型整体驱动生产方式、生活方式和治理方式变革”[①]，党的二十大报告提出“推进教育数字化”[②]。社区信息化建设是促进社区可持续发展的重要手段，智慧社区依托先进的信息技术建立大数据平台和管理系统，以实现公民公平便利、政府透明高效、社区资源协调配置推动社区融合发展。[③] 一是利用信息技术创设社区智慧学习环境，知识型经济社会是未来社会发展的必然趋势，全民数字素养和技能培养提升是帮助人们在全球化竞争中获取成功的关键，生态学习社区的建设离不开数字化建设，社区需要拓宽社区居民数字资源获取渠道，加强数字教育培训和社区数字资源开放共享，强化社区工作者数字工作能力，提升其学网、懂网、用网的能力，完善社区数字教育培训体系，搭建一批数字学习服务平台[④]，帮助社区居民获取更优质的数字资源，通过营造社区数字学习氛围、创设社区智慧学习环境，使社区居民树立终身数字学习理念；二是以信息化、数字化、智慧化连接社区、政府以及其他组织，对社区设施进行数字化改造规划，建设智能停车场、水表、电表、垃圾分类箱等设施，并且扩大和加强信息传播在社区中的覆盖面和时效性，依托大数据，完善社区风险应急响应系统、处理机制，提升社区风险防范水平，同时要推动线上线下监督共存，加快建立全方位、多层次的监督制度，让社区居民实际参与其中，对社区“双碳”行动、废旧物品再利用、节能环保、环境治理等进行全方位监督，推动社区协同共建共治，依托信息化、数字化创新社区治理，建设智慧社区，打造智慧共享的数字生活。2021 年中共北京市委办公厅、北京市人民政府办公厅发布的《北京市关于加快建设全

---

① 中华人民共和国中央人民政府．中华人民共和国国民经济和社会发展第十四个五年规划和 2035 年远景目标纲要［EB/OL］．（2021-03-13）［2024-02-28］．http：//www. gov. cn/xinwen/2021-03/13/content_5592681. htm.

② 习近平．高举中国特色社会主义伟大旗帜 为全面建设社会主义现代化国家而团结奋斗——在中国共产党第二十次全国代表大会上的报告［M］．北京：人民出版社，2022：34.

③ 张聪丛，王娟，徐晓林，等．社区信息化治理形态研究——从数字社区到智慧社区［J］．现代情报，2019（05）：143-155.

④ 中国网信网. 中央网信办等四部门印发《2022 年提升全民数字素养与技能工作要点》［EB/OL］.（2022-03-02）［2024-02-28］. http：//www. cac. gov. cn/2022-03/02/c_1647826931080748. htm.

球数字经济标杆城市的实施方案》中着重强调要打造“数字社区”，位于东城区的民安小区从智能门禁、社区通知、“天眼”等八个方面对社区进行了数字化改造，既为社区治理带来了便利，也大大提高了社区居民的幸福感。在未来，数字化信息技术赋能生态学习社区建设将会成为新的发展趋势之一。用好数字技术，拓宽应用场景，助力绘就美丽中国新图景。

生态文明建设是推进美丽中国建设的基础，终身教育是现代化教育体系改革的重点，广泛宣传生态文明和终身学习理念，倡导全民参与，实现生态文明教育常态化、生态化是社区教育的必然发展趋势。而学习方式的变革是未来教育创新的核心，学习不再是在传统的学校范围内进行，而是扩大到整个社会领域，生态学习社区通过打破地域限制，以社区为枢纽，联合家庭、学校、社会等多方力量，不只是以知识传递为主，而是帮助社区居民从思维方式转变、技能提升、生态行为、终身学习等方面促进个人可持续发展，进而推动社区的可持续发展。未来学习方式、学习课程、学习手段等都会出现更多的创新发展，未来生态学习社区是学习教育的主要“转移地点”，未来生态学习社区的发展，需要更加多样化、精准化、数字化，对未来生态学习社区的设计与建构需要更多的探索与实践创新，通过党建引领、创新社区治理、扩展社区教育等方式满足社区居民多样化需求，从社会基层治理微单元社区做起，促进社区居民个人和社区的可持续发展，从而扩大到整个社会的生态文明建设，最终助力美丽中国建设与发展。

第三节 培训范式创新：生态文明教育教师培训

生态文明是与物质文明、精神文明和政治文明并列的文明形式，其核心内涵是通过人与自然的和谐共生实现社会的可持续发展。随着我国经济快速发展，资源约束趋紧、环境污染严重、生态系统退化的现象十分严峻，要求我们必须树立尊重自然、顺应自然、保护自然的生态文明理念。2021年1月29日由生态环境部、教育部等六部委联合发布的《“美丽中国，我是行动者”提升公民生态文明意识行动计划（2021—2025年）》，将集中推进生态文明学校教育和社会教育作为主要任务之一。只有将生态文明教育融入育人全过程，才能培养出具有生态文明价值观和实践能力的建设者。《中共中央 国务院关于全面深化新时代教师队伍建设改革的意见》指出，教师“是教育发展的第一资源，是国家富强、民族振兴、人民幸福的重要基石”[①]。教师是影响学生成长的关键因素之一，教师的生态价值观对于塑造学生的生态价值观具有重要的意义。教师是社会变革的有力推动者，只有教师自己具有可持续发展理念，掌握可持续发展所需要的知识和能力，并与本学科相关知识内容有机结合，教师才有能力在日常的教学过程中进行可持续发展知识的渗透教育。[②] 因此，基础教育阶段生态文明教育的推进和实践离不开教师在态度、价值观和行为层面对学生的示范和引导，系统开展教师生态文明教育培训，提升教师生态文明素养，成为新时代生态文明教育的基础环节。

一　新时代生态文明教育教师培训的时代诉求与现实意蕴

（一）教师培训：新时代教师生态文明素养提升的内生动力

党的十九届五中全会通过的《中共中央关于制定国民经济和社会发展第十四个五年规划和二〇三五年远景目标的建议》，明确了“建设高质量教育体系”的政策导向和重点要求。以这一新导向和新要求进一步审视生态文明与可持续发展教育的时代创新价值，有利于在新的深度与广度上实现“建设高质量教育体系”的预期目标。[③] 生态文明教育关注人的全面发展问题，能够有效引导公民深刻认识人与自然的内在关系，树立社会主义生态文明观，具有系统性、连贯性和延伸性等特点。[④] 开展生态文明教育，学校教育是主渠道，因此，通过培训提升教师生态文明素养是新时代生态文明教育的基础环节。教师生态文明—可持续发展教育素养基本构成如表 5-1 所示。

---

① 中共中央 国务院关于全面深化新时代教师队伍建设改革的意见［EB/OL］.（2018-01-31）［2024-02-28］. http：//www. gov. cn/zhengce/2018-01/31/content_5262659. htm.

② 徐新容．理科教学推进可持续发展教育的策略思考［J］．上海教育科研，2018（08）：82-85.

③ 史根东．加快推进生态文明与可持续发展教育——文明变迁呼唤教育创新［J］．可持续发展经济导刊，2021（Z1）：52-53.

④ 岳伟，古江波．公民生态文明素养亟需全面提升——基于当前重大疫情的反思［J］．教育研究与实验，2020（02）：8-12.

表5-1　教师生态文明—可持续发展教育素养基本构成

关键要素	能力要素	主要内容
1. 生态文明价值观 2. 生态文明知识 3. 生态文明关键能力 4. 生态文明行动	国家与全球责任感	对国家与全球面临的严重生态问题与可持续发展挑战深怀忧患意识和参与解决的责任感
	学习与理解能力	学习与理解生态文明—可持续发展科学知识、基本理念与政策
	发现与获取课程内容能力	敏锐发现与获取身边与国内外生态文明—可持续发展相关信息并适时纳入课程内容与研究视野
	指导实证研究能力	指导学习者关注与调查生态文明—可持续发展实际问题，并结合学科知识进行实证研究，力求获得“从0到1”的创新性成果
	组织社会合作能力	指导学习者总结、整理创新研究成果，注重和社会经济环境与文化可持续发展领域专家开展合作，促进相关成果产生良好社会经济效益
	分享与借鉴能力	及时了解生态文明—可持续发展教育最新研究成果与实际经验，并善于在相互分享与借鉴中丰富自身知识储备，提高自身专业发展水平

（二）终身学习：教师生态文明素养提升的不竭动力

教师培训的目的是让教师树立终身学习理念，掌握学习方法，使教育与未来的工作相适应，其意义在于学知学能，博学多思。教师是教育学生的先行者，其学识能力水平决定了思维定式和教育方法，也会影响学生的思维习惯和行为作风，因此，教师必须树立终身学习理念。教师的使命就是使学生能够适应这个变化的时代，活出生命的意义和价值，成长为促进社会可持续发展的生态公民。生态文明与可持续发展教育是新时代的必然要求，教师需要通过学习和理解生态文明与可持续发展教育，承担时代赋予的教育责任与使命担当。只有教师自身具有生态道德意识，才能促使学生的精神世界不断得到丰富和发展，进而培养出具有生态文明价值观和实践能力的新生代，这种代际传承与发展，本质上是把人类的知识与技能、精神，转化成个人的能力和精神的内存，在社会实践中转化为促进人类社会可持续发展的内生动力。

（三）时代挑战：生态文明教育教师培训的逻辑起点

教师培训工作是一项全局性、战略性的系统工程，是保证教师永远蓬勃向上、不断进取的最佳方式。当前，从事生态文明教育的师资力量不足，因成长环境和经历所限，现有教师队伍无论是知识结构还是思维方式都存在一定缺陷；教师将生态文明教育融入课程的能力欠缺，需要学、研、教同时进行；教师整合身边资源开展跨学科生态文明教育能力不足，由于生态文明教育工作起步不久，课程设置的知识性、系统性不够完善，而环境问题具有空前的复杂性和广域性，生态文明教育需要多学科参与，需要将生态文明理念植入各类课程和教材。这就急需通过培训，组建开展生态文明教育的骨干教师队伍，研发编制优质课程和教材。因此，区域应坚持以生态文明与可持续发展教育为办学理念，构建科学的生态文明教育培训模式，加大对教师培训的支持力度，让教师在培训中不断开发潜力、超越自我，真正做到创新、务实、与时俱进，培育出具有生态文明与可持续发展综合素养的师资队伍。

总之，调查发现：一是教师开展生态文明教育的主要问题集中在教师生态文明教育的相关专业知识储备不足及对在课程与教材中如何挖掘和融入生态文明理念与知识的把握能力不强，希望培训内容侧重生态文明教育的课程教学策略与实践；二是大多数教师愿意参加生态文明教育有关学习或培训活动，但是工作太忙没时间参加培训；三是教师更喜欢“阶段式理论培训+实践考察+研讨总结”的综合培训方式；四是教师希望通过生态文明教育培训，在生态文明专业知识和教学相关技能、在地化生态文明资源与课程研发、科研论文及相关活动方案的撰写、生态文明教育课题研究、生态文明教育基地的开发以及生态文明在实际生活中的运用和践行方式等方面获得提升。本次调查为构建、完善生态文明教育教师培训内容与模式，探索新时代生态文明教育培训路径提供了参考依据。

二　新时代教师生态文明素养与专业发展的培训路径

加强对生态文明教师培训研究，提高区域教师培训内容的前瞻性、针对性、实用性。根据确定的培训对象，精选培训内容。在对教师进行培训的过程中，加强理论和实践的衔接，让教师在实际教育教学工作中能够进行有效的操作运用。主要培训路径包括以下三个。

（一）以教师素养提升为导向，深化教师生态文明教育培训

1. 完善培训机制，开展生态文明专题培训

区域成立生态文明与可持续发展教育工作室专门负责教师生态文明教育培训。在生态文明教育理念引领下，以教育教学创新改革、教师团队建设、课程构建为研究内容，促进区域生态文明与可持续发展教育的内涵发展。深入开展生态文明与可持续发展教育专题培训，提升教师的生态文明素养与教学研究能力。采取专家培训与课堂研讨相结合的方式，依托区域社会资源进行专题培训，从生态环境、生态经济、生态文化与生态社会等视角传播生态文明教育专业知识，探寻生态文明教育的方法策略及生态文明在实际生活中的运用，提升教师的生态文明素养与可持续学习能力。培训内容主要为教材和课程资源开发、校外活动资源利用、相关专业知识讲授等。与学科教育教学相融合，观摩学习相关案例，帮助教师寻求将生态文明教育融入教学的途径和方法，提高教师课堂教学中渗透生态文明知识的能力。

2. 创新培训方式

在培训过程中，可以根据培训内容调整与创新培训方式，如师徒式培训、跟踪式培训、需求驱动式培训、沉浸式培训、异质小组式培训等，通过多种培训方式让原来一对多的面对面授课方式变得多样化与灵动，让教师培训更加真实与落地。教师在培训课堂组成学习共同体，开展理论学习与实践研究。在学习国际可持续发展教育与国内生态文明教育相关理论基础上，认真研读课程标准，组建学习小组，根据周边学习资源与学生的实际情况，设计生态文明教育课程研发与行动方案。通过学习研讨与培训，教师的教育教学观、教学方式等发生转变，从以重视知识为主变为更关注指导学生运用知识解决问题的能力；从问题牵引式教学变为给学生学习创设环境，指导学生探究问题，放手让学生自我探究、合作探究；从仅仅学习教材知识，变为注重提升学习能力，并且为解决身边可持续发展问题研究方案。同时，教师通过培训获得相应的继续教育学分，纳入区域教师专业发展培训体系，促进教师职业发展与内涵提升。

（二）以可持续发展目标为培训重点之一，开阔教师国际视野

《中国教育现代化 2035》提出，利用现代技术加快推动人才培养模式改革，实现规模化教育与个性化培养的有机结合。创新信息时代教育治理新模式，开展大数据支撑下的教育治理能力优化行动。在这一背景下，加强对国际可持续发展教育最新政策与方案的线上线下培训学习以及对国内生态文明教育相关文件与政策的深入解读，提升对国际、国内可持续发展教育与生态文明教育的认识和理解，增强生态文明意识。承担起国家责任和国际责任，进一步加大可持续发展教育文献与理论研究力度，将国内研究提升到新的水平。[①] 通过多元培训让教师感受到地球生态环境问题的严峻性，生态文明教育迫在眉睫且教师责无旁贷。专题教育内容与可持续发展目标密切相关，要用中国生态文明行动为国际可持续发展教育贡献中国智慧（见表 5-2）。

表 5-2　生态文明教育培训专题与可持续发展目标

培训专题	培训内容与在地课程研发	可持续发展目标（SDGs）
践行绿色生活方式	家庭、班级、学校、社区低碳消费、绿色出行、节水、节电、零废弃生活等状况调查与解决方案	SDG3：良好健康与福祉 SDG6：清洁饮水与卫生设施
新冠疫情、后疫情时代卫生与健康	疫情现状调查与防治疫情科技创新方案	SDG3：良好健康与福祉 SDG2：零饥饿
环境污染	雾霾危害等问题调查与防治方案建议	SDG11：可持续城市与社区 SDG12：负责任消费与生产
气候变化 “双碳”目标	加速碳达峰与碳中和及应对气候变化具体方案建议	SDG12：负责任消费与生产 SDG16：公平正义 SDG13：气候行动
绿色家园	环境艺术、减塑限塑、城乡可持续发展、水资源、学校周边社区环境、交通等问题	SDG11：可持续城市与社区 SDG15：生物多样性

① 张婧．可持续发展教育：架设通向优质教育的桥梁——瑞典 2016 国际可持续发展教育会议综述［J］．世界教育信息，2016（22）：17-20.

续表

培训专题	培训内容与在地课程研发	可持续发展目标（SDGs）
乡村振兴	农村消除贫困、农村振兴、社区残障居民或低收入家庭状况调查与解决方案	SDG9：产业创新与基础设施 SDG4：优质教育
新能源、清洁能源	清洁能源原理、研制与成果使用效益	SDG9：产业创新与基础设施 SDG7：经济适用的清洁能源

教师在专题培训过程中，强化了生态文明价值观的渗透，提升了生态文明素养。例如，高井中学数学组的教师发现在秋冬交替时，学生对气温的变化产生了兴趣，于是引导学生关注气温气候变化，探究“入冬”的具体标准，在探究学习过程中，学生还延伸出对为什么冬季雾霾严重及治理方案问题的思考，在收获了数学知识与数学思维能力的同时，树立了保护环境、低碳生活等生态文明价值观。

（三）以在地生态文明项目培训为依托，提升教师生态文明行动能力

在地化教育思想主要来源于杜威的实用主义教育思想，是对学校教育孤立于现实生活的现状反思。杜威主张将正规教育与社区教育相结合，强调本地区社会环境对学生亲身体验的重要性，强调诸如园艺、木工等传统手工艺是体会人类发展历史和推进科学发现的起点。[①] 生态文明理念融入课程是生态文明建设的重要基础环节。课程作为学校的核心竞争力之一，在学校的整体发展中起到了非常重要的媒介作用。在地化课程的构建，需要有深入的思考与实施策略，让学生从在地化课程学习中有效提升生态文明素养与学科素养。为此，应该做到以下两点。一是生态文明教师培训模式需要创新设计。例如，建立“以区域在地生态文明课题研究带动培训”模式，面对身边的生态文明教育问题进行课题立项，以理论与实践相结合的形式，梳理课堂学习活动与实践活动成果并总结成论文，撰写相关可持续发展教育思辨性和典型性经验总结论文；进行多学科融合的学习活动设计，观摩学习相关案例，进行案例评析；采取线上线下培训相结合的方式，共

① Smith G., David S.. Place-and Community-based Education in Schools [M]. London: Routledge, 2010: 26.

享学习资源，有效解决因外出学习花费时间与金钱的现实问题等。二是开展在地“生态文化—社会”专题教师培训与研修活动。《国家中长期教育改革和发展规划纲要（2010—2020年）》要求坚持立德树人，大力培养和践行社会主义核心价值观。每一名教师都有责任在教育教学活动中有意识地融入生态文明与社会的内容，做在地优秀文化的传承人。同时，通过生态道德教育，让师生意识到人与自然的和谐共生关系，培养生态情感，促成良好生态行为的养成，实现道德情感与行为习惯的深度融合，从而在人与自然互动过程中融入人文关怀①，进而实现教师队伍的高质量发展。

“十四五”时期是由全面建成小康社会向基本实现社会主义现代化迈进的关键时期。《教育部2021年工作要点》重点提出，“十四五”时期要加强提升教师教书育人能力素质，深入落实教师教育振兴决策部署，构建高水平教师教育体系。因此，站在新的历史起点，有序高效地开展教师培训，把握好生态文明与可持续发展教育的国内与国际两个大局，用高质量的生态文明教育理论与实践创新成果助力国家“高质量教育体系”建设，让中国教育为构建人类命运共同体做出卓著贡献。

第四节 “双减”与生态文明教育的实践创新

实施“双减”政策，是教育观念更新的国家行动，更是我国教育格局的重大调整。落实“双减”政策的关键是提高学校育人水平，提高课堂教学质量与课后服务质量。本节在U形理论基础上，通过调查研究分析了当前“双减”背景下中小学开展生态文明教育状况，分析了U形理论视域下的生态文明教育与“双减”双向赋能；基于U形理论视域下的“双减”与生态文明教育建议与思考，即打通学习边界，为教师赋能，教师减负与学生减负同行；打通学科边界，为师生发展赋能，生态课程优化促进“双减”落地；打通学校边界，为首都教育发展赋能，生态文明教育与“双减”共融。

---

① 吕湘湘．试论习近平生态文明思想的形成及当代教育启示［J］．改革与开放，2020（12）：50-53.

一　研究背景

2021 年 7 月，中共中央办公厅、国务院办公厅联合印发《关于进一步减轻义务教育阶段学生作业负担和校外培训负担的意见》，明确指出要“提升学校课后服务水平，满足学生多样化需求”①，减轻中小学学生的课业负担与作业负担，让学生全面健康发展。“双减”政策对学校的内涵发展、教育生态重构提出了新的要求，2021 年 11 月，联合国教科文组织发布《一起重新构想我们的未来：为教育打造新的社会契约》指出，教育应当培养受教育者的同理心和同情心，应当培养受教育者携手共进，改变自己和世界的个人能力。教师、学生和知识之间的关系超越了课堂规范和行为准则，这些关系塑造了我们的学习，提出了“新的教育社会契约需要我们以不同的方式思考学习，以及学生、教师、知识和世界之间的关系”②。

生态文明与可持续发展教育既是新时代育人模式的创新实践，也是联合国教科文组织主导的国际教育发展与创新的时代潮流。③ 因此，如何将习近平生态文明思想与学校整体工作更好地结合起来，与世界可持续发展教育大会倡导的“将可持续发展教育融入国家课程”④ 相结合，贯彻我国教育政策中提出的“以生态文明教育为重点，将可持续发展教育纳入国家教育事业发展规划，突出强调培养学生的环境保护观念、绿色低碳生活方式”等要求，构建生态文明教育实施机制与综合治理机制，发挥生态文明教育促进“双减”政策落地的优化作用，落实立德树人的根本任务，是新时代教育的根本任务之一（见图 5-1）。

---

① 中共中央办公厅 国务院办公厅印发《关于进一步减轻义务教育阶段学生作业负担和校外培训负担的意见》[EB/OL].（2021-07-24）[2024-02-28]. http://www.gov.cn/zhengce/2021-07/24/content_5627132.htm.

② 联合国教科文组织．一起重新构想我们的未来：为教育打造新的社会契约 [M]. 北京：教育科学出版社，2022：147.

③ 史根东．加快推进生态文明与可持续发展教育——文明变迁呼唤教育创新 [J]. 可持续发展经济导刊，2021（Z1）：52-53.

④ 王巧玲，张婧，史根东．联合国教科文组织世界可持续发展教育大会召开——重塑教育使命：为地球学习，为可持续发展行动 [J]. 上海教育，2021（24）：44-47.

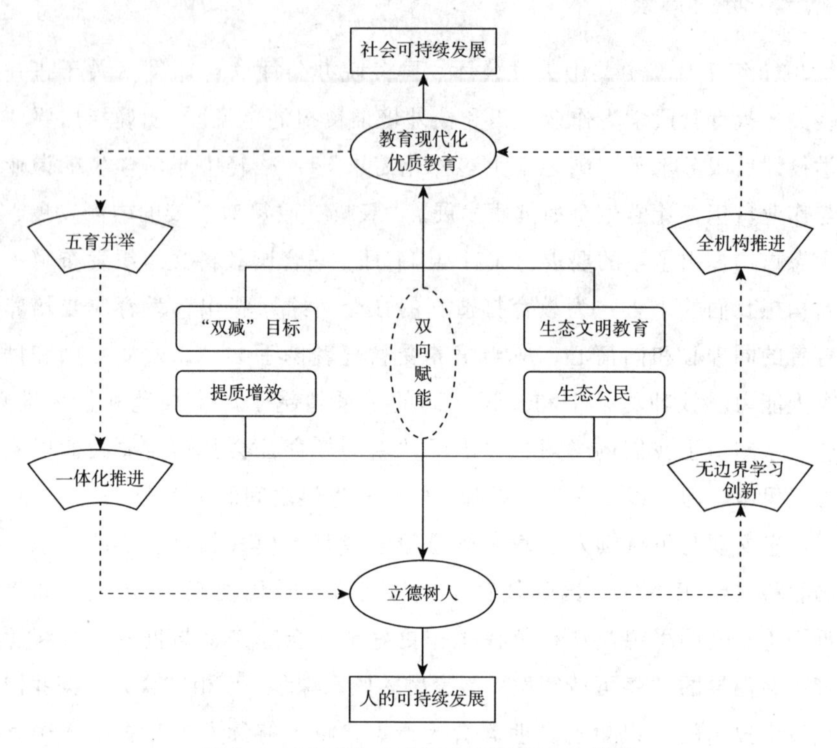

图 5-1 “双减”与生态文明教育融合模型

二 U 形理论视域下的生态文明教育与“双减”

（一）U 形理论的内涵

U 形理论是美国麻省理工学院奥托·萨默尔（Otto Scharmer）教授于 21 世纪初正式提出的。它强调要引导深层次的学习，必须要有向未来学习而不仅仅是向过去学习的能力。[①] 面向未来学习的 U 形理论致力于重构创新，学习的基本顺序是“观察—反思—设计—行动”，先沉淀再上升，遇到问题先平静下来观察，然后再根据问题的诸多关联性去做决定（见图 5-2）。

① Scharmer O.. Theory U：Leading from the Emerging Future. A BK Business Book（2nd ed.）［M］. San Francisco：Berrett-Koehler，2016［2007］，Scharmer O.，Käufer K.. Leading from the Emerging Future：From Ego-system to Eco-system Economies（1st ed.）［M］. San Francisco：Berrett-Koehler，2013.

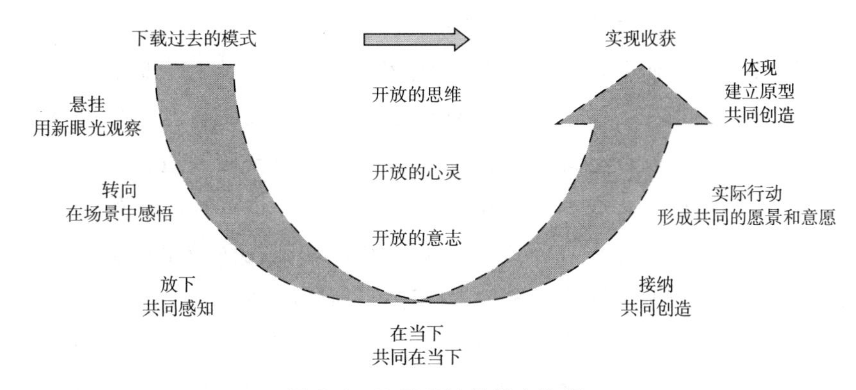

图 5-2　U 形理论的核心流程

U 形理论不是发现未来，而是感知未来。它是让学习者放弃原有的旧模式与经验，然后通过仔细观察、激发灵感、构建原型、再检验与修改，进而从过程中得到反馈。U 形理论是和“当下”相连接的，包含四个层面的变化：第一层是被动反应（Re-Acting），学习者如果保持习惯性思维，就很难思考和改变，只有学会观察、开放思维，才可以发现新事物；第二层是改变系统（Re-Designing），改变系统比经验主义进了一步，但仍是外在的，需要学习者重新改变视角与重新生成；第三层是改变框架（Re-Framing），即改变改善心智模式，致力于从本质上改变问题，建立共同愿景，通过团队学习和系统思考来创建学习型组织；第四层是重新生成（Re-Generating），联结本质，寻求问题的解决，在共同创造过程中，学习者将感知自己未来的可能性，去联结“源”。①

（二）U 形理论视域下的生态文明教育与“双减”融合价值

生态文明教育是以促进人与自然和谐共生为目标，将绿色发展、生物多样性保护、气候变化应对等作为主要教育内容，培育提升师生生态文明素养的教育。U 形理论为“双减”与生态文明教育的赋能和发展提供了新的研究与分析视角，依托 U 形理论的行动变化分层实现二者之间的创新与融合，进而培养面向未来的创新人才。

① 王慧．基于 U 型理论的 MOOC4.0 下学习场域的构建［J］．玉林师范学院学报，2020（04）：137-140.

1. 被动反应——生态文明教育与“双减”融合

本阶段属于初期阶段。“双减”给学生带来更多的在校时间，便于教师带领学生开展生态文明教育实践，有利于整合生态文明教育与设计课后服务课程，开展劳动教育与综合实践课程等。依托本校和周边社会教育资源以及第三方培训机构，根据学生的兴趣与需要，提供多种类型的跨学科生态文明主题课后托管课程以及综合实践课程，如依托区域生态资源、生态经济、生态文化开展跨学科主题的课后课程设计与实践。

2. 改变系统——理念与课程重构

生态文明教育与“双减”的融合共生成为新时代教育发展的新要求与新方向，是教育发展的新范式与教育思维的再创新。[①] 在“双减”政策落实过程中，依托学校与社区等多种资源开展学科融合实践，开展在地化课程重构，引领学生通过劳动教育践行绿色生活方式，通过社区与社会参与培养学生的实践创新能力，使其树立生态文明与可持续发展理念。

3. 改变框架——建立共同愿景

“双减”给学校开展生态文明活动带来了新机遇，学校可以链接更多社会资源，将区域城市发展、历史文化传统、绿色生态保护等内容融入课堂与课程，实现书本知识学习与在地资源理解的相互融通，助力落实国家课程育人目标[②]，实现教育目标的达成。

4. 重新生成——面向生态文明教育发展

用创新行动感知可持续发展未来需要全新构建生态文明教育理念下的“双减”目标战略，以《2030年可持续发展教育路线图》、可持续发展目标为参考，以生态文明理念与“双减”任务的双向赋能促进创新行动落实，以融合共生实现教育创新，进而促进教育改革的高质量发展。

三 “双减”与生态文明教育状况

（一）被动反应，观察与感悟

对“双减”与生态文明教育的关系认识有待提升。学校和家庭仍未切

---

① 张婧，徐新容，鞠艳林．生态文明教育与劳动教育融合探索［J］．教育家，2021（15）：1-2.

② 马强，张婧．生态文明教育视域下西山永定河文化课程构建［J］．环境教育，2021（06）：52-55.

实认识到全方位育人、学生全面发展和健康成长的重要性、紧迫性，仍未切实认识到“双减”促进教育回归本真、培养具有生态文明素养的创新型人才对于美丽中国建设、社会可持续发展与绿色家庭建设的重大意义。因此，在“双减”背景下开展生态文明教育的相关培训是十分必要的。

（二）改变系统，理念与课程重构

“双减”课堂与生态文明教育的融合需要进一步提升。生态文明素养培育的关注度不高，“双减”课堂教学与生态文明教育融合度需进一步提升。课后服务和延时托管导致教师工作时间过长，精力透支，学校普遍反映人手紧张。教师缺乏对生态文明教育跨学科课程理念的全面认识，缺少生态文明与可持续发展教育理念下的综合实践与跨学科课程的重构与设计。

（三）课后作业设计中生态文明教育理念的融入不足

调查发现，“双减”背景下的作业布置与生态文明教育的融合度不高。创新作业形式以及依托在地资源设计身边的生态文明与可持续发展问题不足。需要注重德育与劳动教育融合等作业设计以及将生态文明教育纳入不同年级作业的整体系统设计。

（四）建立共同愿景，联结未来

学校课后服务和面向未来的生态文明教育课程的融合需要进一步提升。教师希望社区教育学院能够在课程、托管、科技创新及实践活动等方面为中小学提供支持性服务。未来以课程开发为重点，寻求“双减”与生态文明教育的全机构社会支持与实践，在垃圾分类、科技创新、社区服务、生活方式等可持续发展目标主题上开展生态文明教育，需要重点关注面向未来的可持续发展目标系统设计与实践深化。

四　U形理论下的“双减”与生态文明教育的创新实践建议

（一）由“双减”与生态文明教育的被动融合转向改变系统与重构，以教师能力提升助力“双减”

教师既是引导学习者转型的推动者，也是可持续未来的建设者与传播者。因此，在“双减”政策落实过程中，打通学习边界，引领教师减负与学生减负同行，致力于提质增效是关键环节。开展生态文明教育相关培训与指导，开展专题培训，提升教师的终身学习能力，将生态文明教育专题培训纳入区域教师继续教育内容，提质增效。由二者简单的融合走向思维思考方式的转变，教师需要做到三点。一是统筹学习，提升能力。采取线上线下相结合、专家线上培训与区域教师进修研讨相结合的方式，探讨生态文明教育的方法策略与运用，提升教师的生态文明素养与可持续学习能力。二是内容聚焦，学科融合。培训内容聚焦在校本课程资源开发、校外活动资源利用、生态环境、生态经济、生态文化等方面。与学科教学相融合，思考生态文明教育融入教育教学全过程的途径和方法，提高教师课堂教学中渗透生态文明知识的能力。三是弹性教研，高效行动。教师以教研组或年级组为单位，组成学习共同体，弹性开展生态文明理论学习与实践研究。根据学校周边学习资源与学生实际情况，设计生态文明教育课程研发与行动方案。以教师能力提升助力“双减”提质增效。

（二）由改变系统到共同愿景，学校应构建一种新的“双减”教育范式

愿景一：在“双减”中凸显在地化课程的构建，以课程重构助力“双减”提质增效，进而让学生从在地化课程学习中有效提升生态文明素养与学科素养。[①] 以跨学科实施生态文明教育推进落实“双减”，激发学生学习兴趣与参与绿色社会建设的意识，促进三级课程的融合，这与杜威倡导的“游戏和工作方面的种种作业，它们最终在教育上的重要性，在于它们为意义的扩充提供最直接的工具”[②] 的观点高度契合。在学科教学中，如语文、道德与法治、历史、地理等学科教学中融入生态文明理念与知识的学习与探究。在科学、物理、化学等学科教学中加大劳动技能与生态科技创新意识培养力度，以课程为基，挖掘区域在地学习资源，探索跨学科开展生态文明教育，改变课程实施方式与作业布置理念，进而达到减负提质。

---

① 徐新容，张婧．教师生态文明素养提升的时代诉求与实践路径［J］．环境教育，2021（10）：49-51.

② 〔美〕杜威．民主主义与教育［M］．王承绪译．北京：人民教育出版社，2001：224.

愿景二：跨学科作业优化设计助力“双减”提质增效，立德树人培育生态公民。教学认识论指出，“教学认识检验是完整的教学认识过程的一个必不可少的环节，教学认识过程的不断延续和深化离不开教学认识检验”①。书面作业是对教学认识进行检验的一种重要方法，具有“诊断、强化、调节、认识”等多种作用。因此，学校要了解各学科作业容量与质量，通过各学科组协商和总体协调，合理预估作业容量，避免总量过多，同时鼓励各学科组教师协同合作，设计跨学科整合性作业。② 教师在教育教学活动中有意识地融入生态文化与社会发展的内容，指导学生做在地文化的传承人。通过生态道德教育，教师引领学生认识到人与自然的和谐共生关系，培养生态情感，促成良好生态行为的养成，实现道德情感与行为习惯的深度融合，实现立德树人的目标。例如，北京市第九中学开设的“爱我家乡模式口”和“京西古道模式口 VR 建模”课程，教师通过线上线下两条渠道让学生了解模式口地区的人文、历史、地质、动植物、环境等各方面知识，在探究学习过程中做到了城教融合、知行合一，提升了爱家乡、爱社会、保护家乡资源环境的社会责任感。又如，北京市石景山区炮厂小学在“双减”过程中整合数学、语文、道德与法治、科学等学科教材中蕴含的有关“生态”教育资源，抓住每一个教育点，在可持续学习课堂教学中有效、动态、持续地渗透生态文明教育（见表 5-3）。

表 5-3　北京市石景山区炮厂小学“双减”学科融合中的生态文明教育

年级	数学融合	语文融合	道德与法治融合	科学融合
1—2 年级	统计：了解家庭日产垃圾量	《怕浪费婆婆》《地球不是垃圾场》《洗手歌》《玲玲的画》	我们不乱扔垃圾	不同材料的餐具；神奇的纸；做一顶帽子
3—4 年级	测量：了解如何测量与垃圾称重	《垃圾的故事》《3 个有用的 R》《蝴蝶的家》	低碳生活每一天；变废为宝有妙招；了解我们身边的环境	用水量、用电量调查
5—6 年级	测量和分析：垃圾桶的体积	《重生吧，垃圾》《废弃物与生命》《只有一个地球》	应对自然灾害；地球——我们的家园	堆肥小课堂；环保酵素的制作与使用

① 王策三．教学认识论（修订本）［M］．北京：北京师范大学出版社，2002：182.

② 杨清．“双减”背景下中小学作业改进研究［J］．中国教育学刊，2021（12）：6-10.

（三）由共同愿景到感知未来：生态文明教育与“双减”共融共生

服务生态文明建设的生态文明教育从本质上看是一项全民教育工程。新时代学校依然是实施生态文明教育的重点场域，但生态文明学校教育的展开将变为以学校为主体，政府、家庭、企业、基地等各类主体协同参与的全机构推进格局。[①] 面向未来，“双减”与生态文明教育应有以下三个层面思考。

1. 未来学校的发展将由技术本位向能力素养本位转变

绿色学校建设应是以培养学习者可持续发展素养为主，特别是“乌卡时代”（VUCA，即 Volotility、Uncertainty、Complexity、Ambiguity）的易变性、不确定性、复杂性与模糊性，使我们面向未来的教育与发展面临新的挑战。在 U 形理论视域下，“双减”与生态文明教育二者的双向赋能与进化，将会是学习者面向未来实现人与社会可持续发展的关键纽带。未来绿色学校应以联合国 17 个可持续发展目标中的可持续发展主题为主要参照，借力人工智能、信息智能，以在地化学习促进培养学生创新的内驱力。

2. 未来学习方式变革：以项目式学习开展生态文明理念下的跨学科学习方式变革

在学校综合实践与课后托管课中融入劳动教育与生态文明教育项目学习内容，开设绿色食品烹饪、废旧物品再利用手工制作、非遗作品绿色创作等专题课程，以项目式学习、社团研究式学习引领学校开展生态文明教育。通过教师指导，社团成员集体讨论后确定研究课题，以此培养学生的探究精神、合作意识与可持续发展能力。例如，北京市石景山区中小学的《给商品包装增加垃圾分类提示的研究》《永定河水资源研究与保护》《罗汉果皂苷 V 对 PD 模型小鼠的作用研究》等对垃圾分类、健康生活方式、生态环境等专题开展了项目式研究，激发了学生学习与合作探究的热情，保护环境、绿色低碳生活成为多数师生的行动自觉。

在实践过程中，区域很多中小学融合学科知识学习、生态文学阅读与戏剧表演，有效助力“双减”的提质增效，助力“五育”并举。立足校园剧社团，创编《垃圾分类我们一起来》《地球的心跳》等校园剧，让学

---

① 岳伟，陈俊源．环境与生态文明教育的中国实践与未来展望［J］．湖南师范大学教育科学学报，2022（02）：1-9.

生树立爱护地球的理念，号召更多的人爱护家园与保护环境，逐渐由共同愿景转变为面向未来如何做出行动与改变，实现了 U 形理论实践层级的转变。

3. 未来全机构特色协同推进，在行动与实践中实现立德树人旨归

要回归立德树人初心，就必须聚焦家校社协同发展，推进协同育人共同体建设，努力形成家校社减负共识。“双减”政策助力中小学生的学业负担减轻，让学生有更多时间进行体育锻炼、体验劳动生活、培养兴趣爱好，学校引领青少年定期参与社会公益劳动，提升社会责任感，进而达到立德树人的目的。中小学劳动教育与生态文明教育融合纳入学校常态化课程，每周应不少于 1 课时。定期开展特色劳动教育活动，结合环境日、地球日等节日开展专题活动，将生态环境、绿色经济、科技创新等元素融入其中，实现生态文明理念在全机构实施层面的内容创新与融合推进。北京石景山区炮厂小学在“双减”政策落实过程中的生态文明教育行动成效显著（见表 5-4）。

表 5-4 北京石景山区炮厂小学全机构实施生态文明教育行动

行动	主要内容	负责科室或责任人
宣传理念，营造绿色校园氛围	充分发挥学校校园网、广播站、宣传栏等宣传阵地的作用，向学生宣传“无废文化”理念。定期宣传“无废城市”建设等环保知识，营造宣传氛围，推动“无废校园”建设，使之成为“知行合一”的校园新风尚和师生自觉行动	德育处、班主任
课堂教学，渗透生态文明意识	开设相关课程，将“绿色校园文化”融入语文、数学、道德与法治、综合实践等学科教学中，使学生懂得“无废城市”建设对人类可持续发展的重要性，学会关心社会、关心人类的生存环境。充分利用垃圾分类教育读本，将其作为绿色校园教育的重要载体	教学处、学科教师
综合活动，践行生态文明与可持续发展理念	利用班队会、国旗下的讲话、社团课等多种形式渗透生态文明理念，如无废知识讲座、光盘行动、“关爱地球”环保实践活动、“绿色校园”创意设计大赛、环保短视频评选、参观教育基地等	少先队、学校社团、志愿者
家校合作，联动传承	发挥“大手拉小手”作用，形成学校、家庭和社区共同参与的全机构协同联动机制	少先队、德育处、家长
立足评价	结合绿色校园挑战赛，将原有的星级评价体系进行完善，融入绿色校园创新设计挑战赛的相关内容，以评价促提升	德育处、教学处、校外资源

"双减"作为一项系统性的工程，具有曲折性、复杂性与渐进性等特点，生态文明教育具有全民参与性特征，二者在发展的各个阶段均需要政府、学校、教师、家长、学生等通力协作才能实现目标。在"双减"政策落实过程中，逐步提升家校社协同育人与生态文明教育实效，需要教育工作者具备成长性思维，引领学生践行观察、反思、设计与行动理念，进而促进学生的终身学习与可持续发展，为国家的生态文明建设与社会的可持续发展助力。

第五节　面向可持续发展目标的教与学方式创新

可持续发展教育是基于"尊重"这一价值观的教育，如尊重当代人与后代人、尊重差异性与多样性、尊重环境、尊重资源等，强调培养学生的环境保护意识、绿色低碳生活方式和应对危机能力。关于可持续学习课堂的理论与实践研究是中国可持续发展教育最系统和最具特色的成果。可持续学习课堂具有"六位一体"的基本特征，与传统课堂相比，它实现了教与学的根本变革。可持续学习课堂的目标设计强调可持续发展的素养目标与专题学习目标的有机融合，实施流程包括课前预习探究、课中合作探究和课后应用探究的教与学的同步设计。集中梳理可持续学习课堂的优秀教学课例，旨在分析可持续学习课堂的实践成效。

学校实施可持续发展教育，最终要落实到课堂，落实到师生的教育教学活动。传统的"以教为主"的课堂教学观和课堂教学模式因过于注重知识传授而饱受非议，改革势在必行。《2030 年可持续发展议程》聚焦了全球可持续发展的核心问题，提出了 17 个可持续发展目标；2017 年联合国教科文组织发布的《教育促进实现可持续发展目标：学习目标》提出了未来社会人的核心素养，并对 17 个可持续发展目标在教育领域的落实提出了具体目标。对接国际最新教育理念重考课堂教学变革与创新，可以更有效地实现"德育为先、能力为重、全面发展"，培养学生的健全人格、社会责任感、创新精神和实践能力。

可持续学习课堂的理论与实践研究是中国可持续发展教育最系统和最具特色的成果。可持续学习课堂围绕课堂主阵地，以可持续发展思想提升学科教学的内涵与品质，使课堂更具人文精神；以可持续教学原则更新教与学方式，对课前—课中—课后进行一体化设计，对教与学进行同步设计，使课堂赋予学生更多的探究空间和参与机会；以学科视角分析地方可持续发展实际问题，使学生增强对自己、对他人、对社会、对自然的责任感并具有实践能力。可持续学习课堂探索了全面有效的人才培养模式，实现了对学生发展方式和终身学习能力的积极关注，是培养高素质人才的有效渠道，是实现学生终身学习能力建设的基础。

一　可持续学习课堂内涵与定位

可持续学习课堂即依据各学科的课程标准要求与教学任务，将可持续发展教育的相关内容，包括知识、技能、意识、情感、态度、价值观等，有机地渗透到各门学科教学之中，或打破学科界限，进行涉及自然科学、人文科学、社会科学两门或两门以上学科，把不同学科理论或方法有机地融为一体的跨学科教学创新，化整为零地实现各学科的教学目标要求和渗透可持续发展价值观的教育目标，为中小学生形成可持续发展价值观、积极投身可持续发展奠定良好的知识与能力基础。

可持续学习课堂的基本定位是为促进基础教育课程改革以及全面提高素质教育质量服务。这种教育不是要在现行各学科已有的教育内容中增加新的内容，更不是要给各学科教学增加额外的教学任务，而是通过教师帮助学生学习与掌握可持续发展的科学知识和科学思想，引导学生关注与人类和社会可持续发展紧密相关的问题，培养学生养成综合性和批判性思考与解决可持续发展实际问题的能力，进而从根本上提升各学科的教学质量。

二　可持续学习课堂的特质

（一）“六位一体”的可持续学习课堂是对“课堂革命”的积极回应

深化基础教育人才培养模式改革，掀起“课堂革命”，努力培养学生的创新精神和实践能力。“课堂革命”不可能一帆风顺、一蹴而就，“课堂革命”是一场心灵的革命、是一场教育观念的革命、是一场课堂技术的革命，更是一场行为的革命。可持续发展教育所主张的可持续学习课堂所具有的“六位一体”的基本特征正是对“课堂革命”的积极回应。“六位一体”的可持续学习课堂如图5-3所示。

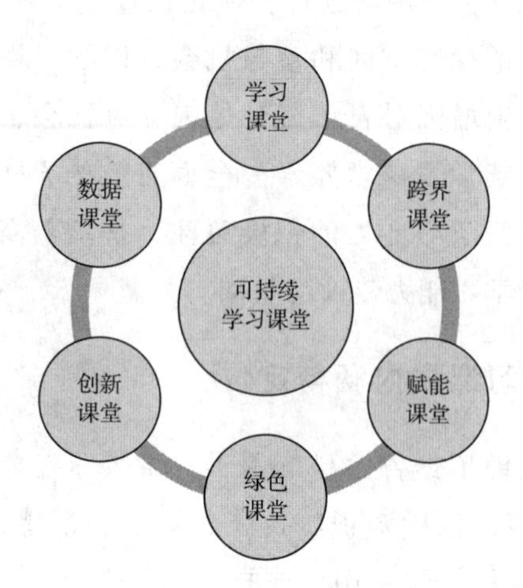

图 5-3 “六位一体”的可持续学习课堂

第一，可持续学习课堂是关注可持续发展的学习课堂。可持续发展教育的核心是使受教育者能够具备促进经济、社会、文化、环境可持续发展的意识与能力，可持续学习课堂深度变革的核心是提升品质，聚焦可持续发展目标，以个体生存—个体生存与生态环境—个体生存与资源—个体生存与发展—个体生存与多样性—个体生存与人类福祉的逻辑链条进行可持续学习课堂设计凸显了可持续发展价值观的深邃内涵，强调了课堂教学中的精神提升与生命关注。

第二，可持续学习课堂是多学科交叉互融的跨界课堂。可持续发展教育是一个聚集多学科的综合整体。可持续发展中的问题广泛涉及社会学、伦理学、生态学、生物学、物理学、化学、地理学、经济学、历史学及文化、艺术等各个方面。可持续发展问题是综合性的，这些问题虽然有不同的类型，但是它们之间是相互联系并且相互渗透、重叠的。跨学科主题学习能够使学生完整、真实且客观地看待生活中的可持续发展实际问题，拓展认知边界，并且能够综合运用各学科所学的知识解决这些问题。多学科交叉互融的跨界课堂是未来创造者的必修课。

第三，可持续学习课堂是注重多种能力养成的赋能课堂。可持续学习课堂从“大教学观”出发，强调课前—课中—课后的一体化系统构建，形成了知识学习与问题研究并重的课前预习探究—课上合作探究—课后应用探究的学习模式。这种学习模式的创新是推动教学变革的源泉，基于体验的学习（角色扮演、演示、制作等）、案例的学习、系统思考的学习、问题学习、社会学习、跨学科学习等在课堂中的全面应用促进了学生可持续学习能力的全面提升。

第四，可持续学习课堂是践行可持续生活方式的绿色课堂。可持续学习课堂不仅关注学生对低碳、节约、环保和绿色生活等方面科学知识认知，还关注学生能否将正确的认知落实在行为上，形成可持续生活方式与行为习惯，从而在家庭、学校以及社会生活中自觉践行节水、节能、节材、垃圾分类、绿色饮食、绿色出行、绿色购物等行为要求，从而在充分享受绿色发展所带来的便利和舒适的同时，履行好应尽的责任与义务。

第五，可持续学习课堂是随机生成可持续发展解决方案的创新课堂。“回归生活世界的教学”是“课堂革命”的重要理念，可持续学习课堂要求建立教学内容与地域可持续发展问题的关联，建立地域可持续发展问题和学生生活的关联，鼓励学生批判性地思考、创新性地解决现实中的实际问题，从学会应试到学会改变自己和改变社会。这种创新课堂一方面有利于可持续发展的抽象概念走向鲜活现实，使其更具生活情境和生活价值；另一方面也有利于更新传统学科的知识内容，打破常见的学科界限，为教学注入新的活力，更清晰地体现知识在学习者未来生活中的作用。

第六，可持续学习课堂是基于信息技术的数据课堂。当今社会进入教育大数据时代，基于大数据技术分析和改进学习行为、变革传统课堂已成为一种必然趋势。教育信息化2.0变革积极推进“互联网+教育”，带来了教育资源观、技术素养观、教育技术观、发展动力观、教育治理水平观、思维类型观的深刻变革，也促使可持续学习课堂更加网络化、数字化、智能化、个性化、终身化，使信息技术与课堂教学深度融合。

（二）可持续学习课堂促使教与学方式实现根本变革

可持续学习课堂有助于落实学科教学目标，进而从根本上提升学科教学质量，培养学科核心素养；可持续学习课堂有助于引导学生建立学科知识与生活中可持续发展实际情境及问题间的联系，激发学生的学习兴趣；可持续学习课堂有助于培养学生利用学科知识批判性及创新性地解决可持续发展问题的能力，激发其探究欲；可持续学习课堂有助于真正使学科情感、态度与价值观目标得以落实。开展可持续学习课堂研究与实践的核心是教师教学观的转变。从学习内容、学习方式、学习空间、合作学习伙伴的角度分析学生的“学”；从教学方式、教学准备、学科融合的角度分析教师的“教”；从知识目标，能力目标，情感、态度与价值观目标的角度分析目标的达成，我们能够看出可持续学习课堂与传统课堂相比所具有的独特优势（见表5-5、表5-6、表5-7）。

表5-5 传统课堂与可持续学习课堂对比（学生的“学”角度）

类型	学生的“学”			
	学习内容	学习方式	学习空间	合作学习伙伴
传统课堂	重在教材中的已有案例	听讲、被动思考并回答教师提出的问题	课堂	单一化：教师为主，学生为辅
可持续学习课堂	重在教材内外有关可持续发展实际问题的相关资料	课前、课中、课后的自主、合作探究学习：听讲、收集资料、采访、调查、参观、做报告、提问、辩论等	课堂、图书、网络、社区、家庭、企业、博物馆等	多元化：教师、学生、家长、社区居民、社会人员等

表5-6 传统课堂与可持续学习课堂对比（教师的“教”角度）

类型	教师的“教”		
	教学方式	教学准备	学科融合
传统课堂	讲授为主，辅以指导书面作业、启发式问答	教材、课程标准、教学课件等	各学科单独授课
可持续学习课堂	做指导者、“领路人”为主：引导线上线下阅读、思考、发言、小组讨论、调查等，设计可持续学习情境	查找、选择教材外涉及可持续发展的优秀教学资源，指导设计学生探究作业，及早了解学生作业质量，总结善于学习者学习经验	多学科融合的综合教育，如可持续地理课堂会融合地理、历史、政治、科学、数学、生态等多个学科

表5-7 传统课堂与可持续学习课堂对比（目标的达成角度）

类型	目标的达成		
	知识目标	能力目标	情感、态度与价值观目标
传统课堂	注重落实学科类知识与技能	更多关注学科的基础能力，如计算能力、阅读能力、绘图能力、学科思维能力、记忆与部分逻辑思维能力	被动学习状态难以形成真实情感体验、责任感与价值观养成目标；课后继续学习的兴趣和热情不高

续表

类型	目标的达成		
	知识目标	能力目标	情感、态度与价值观目标
可持续学习课堂	注重学科内外知识融合，以及知识学习与能力训练的紧密结合，有利于学生形成较系统的知识结构与思维方式	更多关注训练多项可持续学习能力：筛选并加工有价值信息能力，准确有条理的口头表达能力，对他人观点进行分析评价的能力，团队合作探究能力，关注可持续发展实际问题并提出创新性解决方案的能力等	自主学习过程易于助力学生深刻理解与真切体验可持续发展具体知识与问题，继而促使他们树立正确价值观与践行绿色行为方式

三　面向可持续发展目标的可持续学习课堂目标定位

（一）可持续发展素养目标的落实

可持续发展素养是面向可持续发展的需要，是通过修习而形成的价值观、知识、关键能力与行为习惯。2017年，联合国教科文组织在《教育促进实现可持续发展目标：学习目标》中提出了面向可持续发展目标的可持续学习目标对可持续发展素养培育目标的具体要求，这些目标与我国基础教育课程改革的基本理念相一致，对可持续学习课堂的整体设计具有指导意义，也提供了人才培养的整体目标框架。

框架1　可持续发展素养（能力）

1. 系统思维素养：辨认和理解关系的能力，分析复杂系统的能力，思考系统如何纳入不同领域及范围的能力，减少不确定性的能力。

2. 预见性素养：理解与分析多种未来——可能的、或然的、期望的——的能力；创造自己未来愿景的能力；运用预防原则的能力；评价行动后果的能力；解决危机与变化的能力。

3. 价值观导向素养：理解与思考作为行动基础的标准和价值观的能力；在利益冲突、权衡、不确定知识及斗争的情况下运用可持续发展价值观、原则、目标的能力。

4. 行动素养：在地区层面和更远地区共同开发实施可持续发展创新行动的能力。

5. 合作素养：向他人学习的能力；理解尊重他人需求、观点和行动的能力（同理心）；理解、接触及体谅他人的能力（同理心的领导）；解决群体中冲突的能力；促进合作与参与式解决问题的能力。

6. 批判思维素养：质疑标注、实践和观点的能力；思考自己价值观、感觉、行动的能力；在可持续话语中坚定立场的能力。

7. 自我意识素养：思考自身在当地社区与全球社会中的角色的能力；持续评价及进一步激发行为的能力；处理自己情感与愿望的能力。

8. 综合解决问题素养：综合上述素养，应用不同的解决问题框架于负责的可持续发展问题，提出促进可持续发展的可行、包容、公平的解决方案的综合能力。

——引自2017年联合国教科文组织的《教育促进实现可持续发展目标：学习目标》

（二）可持续发展专题学习目标的落实

融入可持续发展价值观，落实可持续发展专题学习目标是可持续学习课堂之特色所在。联合国教科文组织在《教育促进实现可持续发展目标：学习目标》中提出了针对《2030年可持续发展议程》17个可持续发展目标的可持续发展专题学习目标，即实现每个可持续发展目标的具体认知、心理与行为素养的目标体系，包括认知领域目标、情感与价值观领域目标和行为领域目标。认知领域目标即为更好地理解可持续发展目标和应对所面临挑战而应掌握的必要知识和学习技能；情感与价值观领域目标即学习者以促进实现可持续发展目标而应有的态度、价值观以及进行合作、协商沟通的能力；行为领域目标即学习者应具备的解决某个具体可持续发展实际问题的行动能力。该目标体系的建构与我国基础教育课程改革强调的三维教学目标的落实相一致，同时，该文件提出的针对不同可持续发展专题学习目标的学习专题和学习途径与方法示例对教师结合学科教学与专题教育活动进行有针对性的教学与活动设计具有很强的指导意义。

四　面向可持续发展目标的可持续学习课堂实施策略

（一）“课前—课中—课后”教与学同步设计与实施

可持续学习课堂“课前预习探究—课中自主合作探究—课后应用探究”三段式的教学活动与学生学习探究作业设计层次间的彼此联系也形成了相互呼应，注重同步设计教师教学与学生学习。

课前预习探究引导学生将课堂学习过程前移，注重把指导学生做好课前知识预习与问题探究作为课堂教学的第一环节，指导学生完成预习探究作业报告。课前预习探究重在训练收集、分类、概括知识与相关信息的能力。

课中自主合作探究重点在于组织学生参与课堂评价与合作讨论，注重选择教材内外可持续发展相关内容进行渗透性教育。课中自主合作探究作业重在训练准确、有条理的口头表达能力，对书本结论、他人观点进行自主分析与评价的能力，与他人合作探究和解决问题的能力。具体操作流程如图5-4所示。

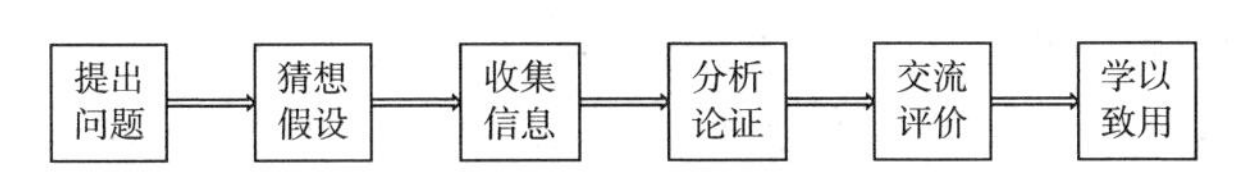

图5-4　课中自主合作探究操作流程

课后应用探究，应引导学生将所学知识应用于生活，鼓励学生关心可持续发展实际问题并提出解决方案。课后应用探究重在训练学生的关注、发现可持续发展实际问题并提出创新性解决方案的能力。

（二）可持续学习课堂五环节实施流程

可持续学习课堂实施包括五个环节，这五个环节是紧密相连、融会贯通的。

第一个环节：目标融合，提升教学境界，即将学科教学目标与可持续发展价值观、可持续学习能力、可持续生活方式及行为习惯养成教育等目标相融合。具体来讲，就是以丰富的社会、环境、经济与文化领域可持续发展专题内容优化学科教学内容，以可持续学习能力的培养来充实学科技能目标；以可持续教与学方式增强学科“过程与方法”目标的体验性、参与性、合作性等；以可持续发展价值观提升学科教学“情感、态度与价值观”目标的内涵和立意。

第二个环节：预习探究，始于独立思考，即把指导学生做好课前知识预习与问题探究作为课堂教学的起始环节。要同步编写教案与学案，力求做到学案先行以保障课堂学习过程的真正前移。高质量完成这一步骤的一个重要标志是，师生共同把发现、提出可持续发展相关问题作为教学设计和预习探究的重要内容。

第三个环节：展示交流，建立系统思维，即指导学生将自己探究的可持续发展专题内容的初步感知进行交流，指导学生找出学习内容的重点，指导学生相互解答有疑问的地方，指导学生理解不同学生的不同视角，建立分析可持续发展问题的系统思维方式。高质量完成这一步骤的一个重要标志是，师生从不同视角表达自己对可持续发展相关问题的理解，归纳主要观点与生成问题。

第四个环节：精讲新知，指导合作探究，即精心选择教材内外可持续发展价值观与科学知识素材进行渗透教育，以指导完成学案为主线，在师生、生生合作探究中分步落实预期学习效果。高质量完成这一步骤的一个重要标志是，教师交叉采用指导学生原位发言、讲台前发言、板书演示、课件演示、角色扮演等方式，调动起多数以至全体学生参与课堂学习的积极性，提供讨论不同见解的机会，促使学生基本理解与掌握所学教材的主要内容，受到可持续学习能力的训练。

第五个环节：反馈迁移，指导应用探究，即应用学科知识与原理认识与解决学校内外可持续发展实际问题，在指导应用探究中体现具体成效。在学生比较全面理解与掌握所学教材内容的基础上，教师要在教学过程中尤其是讲授、指导练习或课后小结阶段，结合现实素材，注意创设认识与参与解决可持续发展实际问题的教学情境，引导学生逐步养成可持续发展思维方式和生活方式，进而通过自主探究、合作探究与应用探究提出实用性的问题解决方案以及激发学生在课后进一步探究可持续发展实际问题的兴趣，提高其实践能力。

五　基于可持续学习课堂教学案例的分析

课题组集中梳理了近年来百余节可持续学习课堂研究课及优秀教学课例，基于此，可以分析可持续学习课堂的实践成效。

（一）引导学生学会利用学科知识解决可持续发展实际问题

分析百余节可持续发展教育优秀教学课例可知（见图5-5），可持续发展教育优秀教学课例的共同特征是在关注学科知识教学的基础上，将学科教学内容与可持续发展目标有机融合，注重引导学生利用所学知识解决可

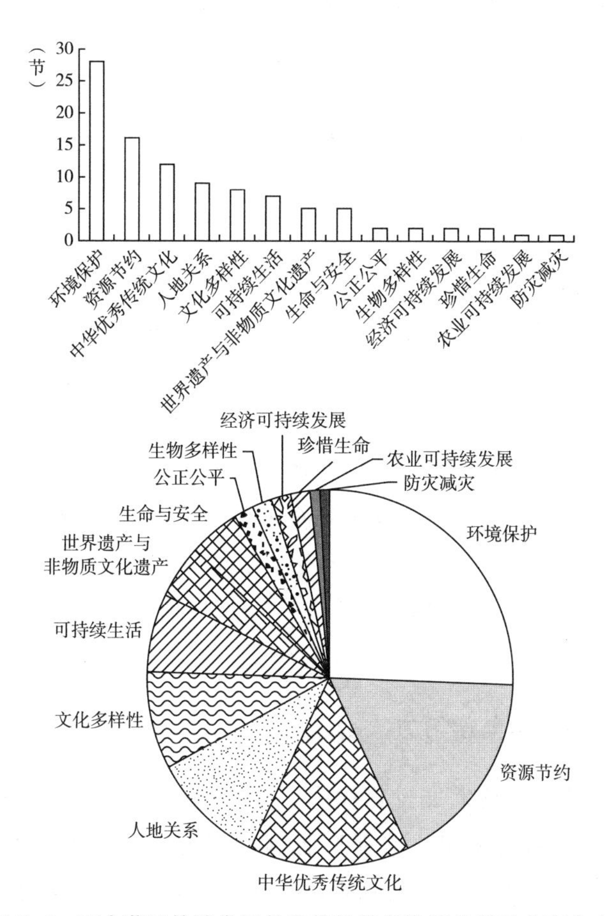

图5-5　百余节可持续发展教育优秀教学课例的学习内容分布

持续发展实际问题，通过课堂教学培养学生形成以“尊重”为核心的可持续发展价值观。第一，可持续发展教育课堂关注的可持续发展问题，涵盖社会、环境、经济与文化领域。第二，环境保护和资源节约、中华优秀传统文化与文化多样性两大类主题是中国可持续发展教育内容的关键“两翼”，其中环境可持续发展占53%，文化可持续发展占25%。第三，可持续发展教育的主题与本土有关联，把可持续发展抽象概念变为鲜活的有生活价值的现实与故事。

关注可持续发展实际问题的解决，能够使可持续发展的抽象概念走向鲜活现实，更具有生活情境和生活价值。它有利于更新传统学科的知识内容，打破常见的学科界限，为教学注入新的活力，更清晰地体现知识在学习者未来生活中的作用。

案例1　关注健康话题的小学数学综合实践课“营养午餐”设计思路

渗透点：社会领域生命与安全教育主题培养科学饮食的习惯与健康的生活方式。

贯穿线：

第一环节：创设情景，由信息引发学生对健康饮食话题的关注与思考。

第二环节：利用学生已经掌握的数学知识（整数四则混合运算、简算、估算、计算器的使用、制作统计图表等），引导学生对照营养标准，通过自主探究，采用多种策略解决营养午餐的搭配问题。

第三环节：针对学生的饮食习惯，在课堂上进行有针对性的讨论，并有针对性地提出合理的建议。

（二）推动教学与学习方式变革

分析百余节可持续发展教育优秀教学课例可知，可持续学习课堂是推动教学与学习创新的源泉，它促进了多种新型教与学方式的出现（见图5-6），如基于体验的学习（角色扮演、演示、制作等）、基于案例的学习、基于系统思考的学习、基于实地调查的学习、基于问题的学习、基于实验的学习、基于跨学科的学习、基于比较的学习等。要扎实培养学生的基础学习能力与可持续学习能力。基础学习能力是指掌握基础知识与基本技能的能力，主要包括识字能力、运算能力、解题能力、阅读能力、写作能力、应试能力等。可持续学习能力是指后续学习和终身发展所需要的学习能力，主要包括收集、分类、概括知识与相关信息的能力，准确、有条理的口头表达能力，对书本结论、他人观点进行自主分析与评价的能力，与他人合作探究和解决问题的能力，关注、发现可持续发展实际问题并提出创新性解决方案的能力。

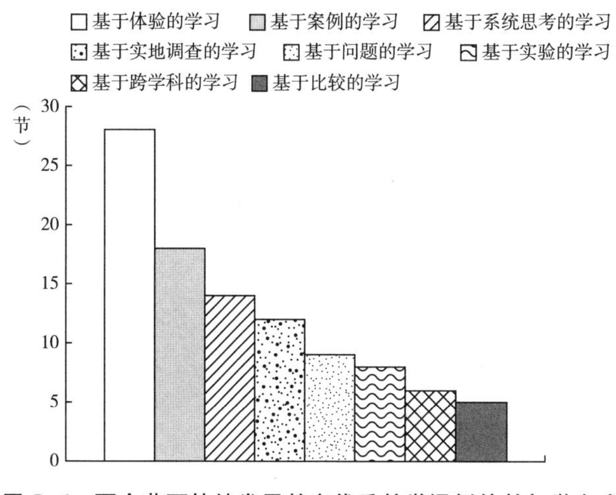

图 5-6　百余节可持续发展教育优秀教学课例的教与学方式

（三）打破学科壁垒形成跨学科主题课程研究合作共同体

可持续发展中的问题广泛涉及社会学、伦理学、生态学、生物学、物理学、化学、地理学、经济学、历史学及文化、艺术等各个方面。由此可以看出，可持续发展问题是综合性的，这些问题虽然有不同类型，但是它们之间是相互联系并且相互渗透、重叠的。因此，针对可持续发展问题而实施的可持续发展教育必然是一个聚集多学科的综合整体。

在实践中，许多教师尝试探索打破学科界限，进行基于可持续发展目标的跨学科主题课程设计。跨学科主题课程设计能够改变课程结构过于强调学科本位、科目过多和缺乏整合的状况，强调学科间的相互联系和有机的整合，使学生在解决可持续发展实际问题的过程中感受到学科间知识的关联性，并提高学生综合性与批判性地解决可持续发展实际问题的能力，培养其创新精神与实践能力，进而真正使其成为未来社会的创造者。

案例 2　走近世界文化遗产——颐和园跨学科主题设计

结合可持续发展教育尊重与保护世界遗产专题，地理、语文、历史、思想政治学科进行了跨学科主题课程设计（见图 5-7）。课程设计包括“欣赏园之景—品味园之境—领悟园之理”三个环节。地理课作为贯穿整节课的线索，首先从不同点位欣赏颐和园入手，重点分析构景；语文课以景观上的对联为切入点，重点分析诗情，形成景观欣赏的景观—构景—画意—诗情层次，引领学生从意境上品味颐和园；历史课从建园的原因说起，引导学生了解建园历史背景，在此基础上引出颐和园是自然环境与人文景观有机结合的典范，体现了中国古代园林深层的“天人合一”哲理；思想政治学科引领学生领悟中国皇家园林蕴含的深刻的哲学内涵，从中国文化和人类文明的角度领悟颐和园作为世界文化遗产的价值。其中，在欣赏园之景和品味园之境环节，重点进行皇家园林的美学价值、中国传统文化价值的教育；在领悟园之理环节，挖掘中国园林所蕴含的思想境界：“师法自然”“天人合一”。

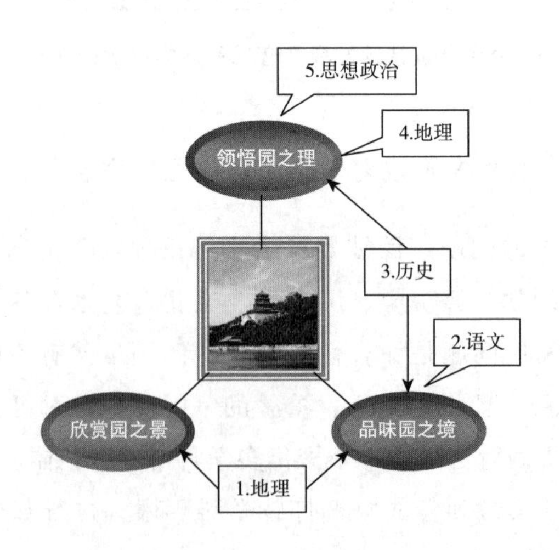

图 5-7　走近世界文化遗产——颐和园跨学科主题设计流程

（四）关注可持续发展教育资源的开发、利用与整合

课程资源是基础教育课程改革所突出强调的重要概念。可持续发展教育优秀教学课例中体现了教师对学科课程资源与地域资源的开发、利用与整合。教师能够依据学科课程标准要求，从具体的学校特点、教师特点、学生特点出发，创造性地使用教材，充分利用文字与音像资源（报刊、书籍、图片、录音、录像、影视作品等）、实践活动资源（图书馆、阅览室、实验室、博物馆、纪念馆、文化馆、主题教育基地、自然和人文景观、机关、企事业单位等）、信息化资源（利用信息技术和网络技术，收集网上资源，包括文字资料、多媒体资料、教学课件等），让学生有亲身参与实践的机会，从而有效地促进学生进一步了解与可持续发展相关的知识，并培养相应的实践技能。同时，教师还根据地域特点，考虑城乡差异和地区差异，创造性地实施或开发有地方特色的区域可持续发展教育地方课程与校本课程，系统思考国家课程、地方课程与校本课程三级课程的优化整合问题，优化课程与教学内容，提高教学效率，切实减轻学生负担。

案例3　小学品德与生活《节约用水》可持续发展教育资源的开发与利用

1. 实现了与美术学科的融合。设计“我为节水做贡献”的教学活动：每人一张彩纸，学生可通过各种方法（写、画、剪、折等），介绍自家的节水好经验，或针对浪费水的现象制作提示牌，还可以写节水宣传语。

2. 组织相关学生到北京市排水科普展览馆（位于朝阳区高碑店）参观。通过参观污水资源化生态园，使学生实地了解到污水处理转化的全过程；组织学生观看电视片《北京高碑店污水处理厂》《小水滴奇遇记》，为学生举办水环境保护科普教育的知识讲座，从而增强学生的环保意识，使学生了解污水处理、再生利用、科学用水的相关知识，唤起学生从我做起，共建节水型城市的意识。

3. 观察学校附近的水体状况。到学校附近的朝阳公园、金台路小河边观察水体状况；了解在生活中都有哪些保护和破坏水体环境的行为。

4. 观察家庭和学校中有哪些好的节水做法。家校联合，充分发挥二者的教育作用。

第六节 新时代区域生态文明教育实践范式与发展

构建区域生态文明教育的“双循环”模式在新发展格局下具有重要的历史与现实意义。通过其逻辑起点与逻辑归宿分析了国际可持续发展教育与国内生态文明教育的时代内涵，在此基础上阐明了新时代生态文明教育“双循环”模式内循环的机制创新、培训创新、场域创新、学习创新、一体化推进等核心特质与外循环模式的目标理念引领、互联互通、全球行动等核心特质，通过北京市区域案例分析了“双循环”模式的实施成效，进而从宏观层面——联合国教科文组织政策引领助力生态文明教育“双循环”模式，从中观层面——国家与区域间开展合作，合力构建生态文明教育“双循环”模式，从微观层面——开展在地实践，聚力区域生态文明教育“双循环”模式三个层面分析了区域生态文明教育的未来发展与实践进路。

《中共中央关于制定国民经济和社会发展第十四个五年规划和二〇三五年远景目标的建议》明确提出，加快构建以国内大循环为主体、国内国际双循环相互促进的新发展格局。新格局新形势对教育提出了新要求，教育要主动服从、服务以国内大循环为主体、国内国际双循环相互促进的新发展格局，自觉成为新发展格局中的内生力量，推动建设以“双循环”为重要特征的高质量教育体系。[①] 生态文明教育是国民教育体系的重要组成部分，在生态文明建设中起着关键基础作用。在新发展格局背景下，生态文明教育应以落实中共中央、国务院印发的《中国教育现代化 2035》为目标依托，深入贯彻《中国落实 2030 年可持续发展议程国别方案》与《“美丽中国，我是行动者”提升公民生态文明意识行动计划（2021—2025 年）》，全面落实习近平生态文明思想与立德树人根本任务，加快构建区域生态文明教育“双循环”新模式，促进人与自然、人与社会的可

① 邓晖．教育系统：奋力开创教育高质量发展新局面［N］．光明日报，2020-11-08（02）．

持续发展。

一　构建区域生态文明教育“双循环”模式的内涵与现实逻辑

（一）区域生态文明教育“双循环”模式的内涵

生态文明教育与可持续发展教育共融共生，因此，“双循环”模式成为新时代生态文明教育助力生态文明建设的重要发展范式。“内循环”是指国内以区域为主的生态文明教育模式，其核心特质包括机制创新、培训创新、实践与学习场域创新、学习方式创新、一体化推进等；“外循环”模式以落实联合国《2030年可持续发展议程》17个可持续发展目标为基础，以《2030年可持续发展教育路线图》等为目标引领，通过联合国教科文组织、教育部（中国可持续发展教育全国委员会）与教育行政部门设计区域生态文明教育实施方案与路径，促进区域教育发展与2030年可持续发展目标的实现，主要包含全球可持续发展理念引领、互联互通、全球行动等核心特质。国际循环促进国内循环，即“外循环”可以更好地为“内循环”注入新鲜活力，构建国际可持续发展教育话语体系；“内循环”在做好本国生态文明与可持续发展教育的同时，可以为“外循环”及人类命运共同体的构建贡献中国智慧与中国力量。“外循环”与“内循环”相辅相成，构成了区域生态文明教育的“双循环”模式。

（二）“双循环”模式的现实逻辑

1. 逻辑起点与基础：国际环境的变化与可持续发展教育的蓬勃发展

可持续发展教育是联合国教科文组织持续推进的国际核心教育理念，其学习内容、教学法和学习环境等方面具有整体性和变革性特点，引导学习者为环境完整性、经济生存能力和社会公平正义做出明智决定和采取负责任的行动。2020年联合国发布的《2020年可持续发展目标进展报告》，彰显了对今后10年尤其是对后疫情时代全球发展前景的关切。今后10年致力于创造一个可持续发展的新世界。为此，联合国教科文组织周密设计评估框架并开展全球监测，主要项目包括：可持续发展教育总体进展、通过可持续发展教育网络中其他伙伴组织的活动，落实《2030年可持续发展教育路线图》进展情况以及关于可持续发展教育的进展和影响情况的定量和定性信息等。

在全球可持续发展教育深入发展与监测背景下，各国政府将可持续发展教育纳入其教育政策和工作框架的主流，旨在使全球学习者都有机会获得促进可持续发展和实现 17 个可持续发展目标所需的知识、态度、价值观和技能，运用“全机构法”实施可持续发展教育，同时，愈加关注开展青少年培训，赋权青年一代使其成为社会变革的推动者，进而为实现社会转型与全球可持续发展助力。

2. 逻辑发展与归宿：生态文明教育助力美丽中国与人类命运共同体建设

生态文明与可持续发展理念既是做好区域生态文明教育“内循环”的依据，也是做好区域生态文明教育“外循环”的通用语言。在新发展格局下，国家继续坚持走绿色、低碳、循环、可持续发展之路，平衡推进《2030 年可持续发展议程》，采取行动应对气候变化等新挑战，建设美丽中国，构建人类命运共同体。[①] 习近平主席在世界经济论坛“达沃斯议程”对话会上的特别致辞中指出：“中国将全面落实联合国 2030 年可持续发展议程。中国将加强生态文明建设，加快调整优化产业结构、能源结构，倡导绿色低碳的生产生活方式……为保护我们的共同家园、实现人类可持续发展做出贡献。”[②] 在联合国教科文组织即将开启“面向可持续发展目标的可持续发展教育”的新战略阶段，强化生态文明教育对联合国可持续发展目标的实现和我国生态文明建设具有全局性的重要影响。[③] 尤其是当今世界正处于百年未有之大变局，面对各种全球性挑战，以可持续发展教育、生态文明教育助力实现可持续发展目标，增进全球人类福祉，携手构建人类命运共同体逐渐成为全球共识（见图 5-8）。

二　区域生态文明教育“双循环”模式的关键特质与实践创新

我国生态文明教育从区域实施角度看有诸多尚待提升之处，如生态文明教育尚未与教育体系较好地融合，生态文明与可持续发展理念在课程、

---

① 联合国教科文组织．反思教育：向“全球共同利益”的理念转变［M］．北京：教育科学出版社，2017.

② 习近平谈治国理政：第 4 卷［M］．北京：外文出版社，2022：465.

③ 史根东．推动中国可持续发展教育，培养新时代需要的人才［J］．可持续发展经济导刊，2019（Z2）：68.

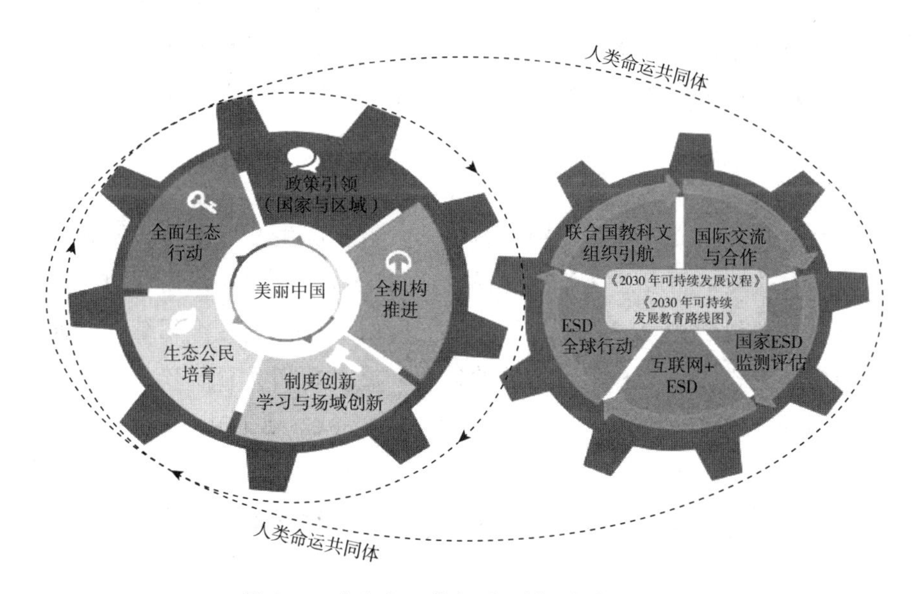

图5-8　生态文明教育“双循环”模式逻辑

教学、综合实践活动、考核评价中体现不足，生态文明行动缺乏整体设计与践行等。因此，教育工作者需要以全球化视野和社会主义人才观检视现有生态文明教育状况，以生态文明教育“双循环”模式促进区域教育整体优化与区域生态文明建设，进而助力联合国2030年可持续发展目标实现，促进“人与自然生命共同体”与“人类命运共同体”的构建。

（一）区域生态文明教育“内循环”模式的关键特质

1. 机制创新：生态文明教育的基础保障力

生态文明教育以区域为基本实施单元，构建发展机制，主要包含三个方面创新。一是组织领导，成立区域生态文明与可持续发展教育专门机构，由专人负责，由教委每年拨专款聘请专家团队开展区域教师与学生乃至社区的生态文明教育培训。开展全员通识培训，加强骨干教师培训，开展校长领导力培训，组建生态文明教育骨干教师学习共同体，进行跨学科课程开发与实施，提升教育者能力。二是健全制度规范，促进工作落实。按照“整体推进，分步实施，重点突破，全面提升”的工作思路，努力培育学校、学科、教师等多层面典型，辐射带动区域生态文明与可持续发展教育，如北京市多区先后印发了区域可持续发展教育实施方案等系列文件，使生态文明教育工作走向常态化与特色化。三是出台评价管理办法，明确生态文明教育与绿色生态文明学校评价标准，各市（区）制定具体管理办法与评价标准。

2. 场域创新：教与学方式变革的促进力

以在地化自然资源与环境资源为依托，引领师生开展生态文明教育项目式学习与研究，用服务学习理念提升项目学习的成效。依托劳动实践基地，与课程建设、德育建设、校园环境、家庭与社区教育等相结合，促进教育与学习方式的变革和学习场域的创新。通过校内教育与校外实践、课堂教育与课外探究相结合，让生态文明教育在区域落地生根。①

3. 学习创新：生态文明理念融入课程的内驱力

生态文明理念融入课程是生态文明教育的关键环节。从基础教育领域视角分析，一是融入国家课程。充分利用现行国家教材，引导学习者了解大气、土地、水、粮食等资源的国情及当地状况，增强能源忧患意识、节约意识和环境保护意识，树立尊重自然、保护自然的可持续发展理念。二是融入地方课程，挖掘本地区历史、人文、自然资源，引领学生走出课堂，通过考察探究、社区服务与职业体验等方式，开发在地化生态文明教育跨学科课程。三是融入校本课程。学校充分利用身边资源，构建丰富的校园文化，结合学校育人特色，从认识自然—认识规律—尊重自然三个层面，整体构建校本课程。② 生态文明理念融入课程，为三级课程的融合重构与学习注入了新的创生力。

4. 一体化推进：城教融合的创生力

建立区域发展一体化战略，采取横纵贯通实验模式，实现基础教育、职业教育、幼儿教育和特殊教育相互融通，进一步将生态文明教育纳入职业、成人、社区、企业培训的核心内容，为终身教育体系内容注入新内涵。建立可持续发展主题课程共修模式，以课堂与课程建设为核心，推进跨学制、多学科、多类型的教育融合。同时，全机构开展生态文明教育推进，

① 张婧．面对疫情的教育思考——生态文明教育如何在中小学“落地生根”［J］．教育家，2020（10）：46-48.

② 张婧，王寰宇．中小学开展生态文明教育的路径与实践探索［J］．教育视界，2019（05）：44-46.

以在地资源为依托，开展多层面合作的生态文明行动，实现城教融合。注重建立学校、政府、社会、企业等共同参与的可持续发展教育合作空间，凝聚全社会力量培养具有可持续发展素养的新一代公民，构建区域生态文明教育一体化推进模式。

（二）生态文明教育“外循环”模式的核心特质

1. 目标引航：培育可持续发展关键能力

《2030年可持续发展教育路线图》重点强调教育对实现可持续发展目标的贡献，以此为依据，构建可持续发展教育大课程观，将碳达峰与碳中和、气候变化、生物多样性、降低灾害风险以及可持续消费和生产等关键内容纳入各级课程学习范畴，与17个可持续发展目标相对应。依据《教育促进实现可持续发展目标：学习目标》更新教学法与优化教学环境。遵循“以学习者为中心”的教学法，使教育者的角色由系统知识的传授者转变为学习进程的促进者。优化教学环境，增进学习者经验并促进其反思，以变革式学习增强“学习者提出问题的能力，并改变其观察和思考世界的方式，深化其对世界的认识”①，使全世界所有年龄段的学习者都具备跨领域能力，具有横向、多功能、普适性的核心素养②，这些素养被视为推进可持续发展的关键，即系统思维能力、预期能力、规范能力、战略能力、协作能力、批判思维能力、自我意识能力和综合解决问题能力等。

2. 理念支撑：学习模式创新与理念创新相融合

跨学科学习模式与在地化学习理念、服务学习理念的融合是构建“外循环”的理论基本点。在地化学习理念认为学校教育应该关注地方经济、社会文化和生态状况，强调关注学校所在地区的生态环境健康和可持续发展是教育的当务之急③，其显著特点是扎根当地实际的学习与参与体验式学习。服务学习是一种把服务社区与学生发展结合起来的主动性学习方式，

---

① UNESCO. Education for Sustainable Development：A Roadmap [EB/OL]. https：//unesdoc.unesco.org/ark：/48223/pf0000374802.

② Rychen D. S.. Key Competencies：Meeting Important Challenges in Life [M]. //Rychen D. S., Salganik L. H.. Key Competencies for a Successful Life and Well-functioning Society. Cambridge, MA, Hogrefe and Huber, 2003：63-107.

③ Smith, Gregory. The Past, Present, and Future of Place-based Learning [EB/OL]. http：//www.gettings-mart.com/2016/11/past-present-and-future-of-place-based-learning/.

通过主动实践来不断获得有意义的学习经验。跨学科学习注重与各科课程标准相对接，注重本土化和国际化的结合，培养学生参与绿色社会建设与解决问题的能力，增强青少年权能[①]，引导更多学习者采取学科融合、社会实践、服务社区与社会等学习方式关注、参与解决地区社会、经济、环境与文化等实际问题，成为新时代国际教育实践的新方向。

3. 互联互通：国际"互联网+"与可持续发展教育

联合国教科文组织负责全球范围内可持续发展教育的协调与实施，多年来大力倡导相关项目和网络为可持续发展教育做出贡献[②]，如联合国教科文组织联合学校网络（ASPnet）、教科文组织教席、教科文组织技职教育和培训中心（TVET）、学习型城市网络以及教育 2030 指导委员会等。在其引领下，一些成员国加入多个可持续发展教育利益相关者网络，如经合组织与可持续发展目标（https://www.oecd.org/dac/sustainable-development-goals.htm）、生态学校网络（http://www.ecoschools.global）等，协调国家倡议的活动，促进不同利益相关者之间的伙伴关系和协作，目的在于加强全球、区域、国家、地方各级有关可持续发展教育政策和做法的协调与合作，以确保发挥相互支持的协同作用。通过互联网与在线渠道，将国家举措及其利益相关者联系起来，同时吸引全球受众，鼓励个人和社区为可持续发展承担责任并采取行动等。

4. ESD 全球行动：赋权青年，共建人类命运共同体

习近平总书记提出的"构建人类命运共同体"的理念为全球治理贡献了中国智慧与中国方案。生态文明教育在推进人类命运共同体建设中发挥重要作用，为建立人类社会共同前进方向、建设规范以及形成共同的价值观提供实施路径。[③] 人类命运共同体建设需要更多参与者与实践者用行动实现改变世界，推进人类社会的发展。为此，需要开展国际志愿者组织建设，为消除贫困、生态保护、"双碳"目标的实现与国际和平等做出贡献，如联

---

① 张婧．日本可持续发展教育实践：特点与启示——基于案例的研究［J］．教育科学，2018（03）：82-87.

② UNESCO. What UNESCO Does on Education for Sustainable Development［EB/OL］. https://en.unesco.org/themes/education-sustainable-development/what-UNESCO-does.

③ 马强，张婧．从"人类命运共同体"的视角看生态文明教育实施［J］．环境教育，2020（08）：60-63.

合国国际志愿者组织（UNV）为世界各国和地区提供人道主义援助，“中国青年志愿者协会”等志愿者组织积极参与解决全球可持续发展问题并贡献智慧。同时，通过多种课程，引导学生积极参与国际项目的学习与研究，“模拟联合国”任务驱动下的“课程行动”就颇具代表性：通过任务目标搭建课程体系、设计方案、规划学习活动与课程实施、建立实践平台、研讨全球可持续发展问题等学习过程，推进校园“人类命运共同体研究者行动”项目，逐步树立人类命运共同体意识。

（三）生态文明教育“双循环”模式实践创新：以北京市石景山区为例

北京市石景山区持续推进可持续发展教育与生态文明教育25年，在推进过程中，注重国际理念与区域发展规划相结合、与区域生态资源相结合，注重理论与实践相结合，在区域优质教育提升方面成效显著。

1. 理论与实践创新

依托《教育促进实现可持续发展目标：学习目标》，形成了国际视野下的区域在地化与一体化实施生态文明教育的创新理论，丰富了本土化生态文明教育发展课程体系、目标体系与学校教育内涵发展机制，形成了区域生态文明教育的特色模式。一是开展可持续学习模式理论研究，实现了转化式学习理论、服务学习理论与可持续学习模式理念的融合，创新了合作学习机制。二是构建区域生态文明教育体系，完善国家、地方与校本课程融合，探索在地化课程资源挖掘与建设，形成了区域生态文明课程育人新路径。三是可持续学习范式创新，实现了五点转变，即“以生为本”，确立课堂学生核心主体地位；“变教为学”，转变学生学习方式；“关注过程”，突出学生参与学习过程的重要性；“素养为先”，实现知识能力向培育核心素养转变；“学用结合”，服务社区与社会，强调知识应用解决身边的实际问题，培育社会责任意识。

2. 生态文明教育课程群构建

区域在地化生态文明课程具有引领性与系统性。在实践过程中，一是构建了在地生态文明教育课程群落，即遵循可持续发展教育内涵，挖掘区域教育资源，将北京市石景山区国家级绿色转型发展示范区建设、首钢转型发展与绿色奥运、雾霾治理、弘扬中华优秀传统文化、革命传统教育等专题列入区域地方课程与校本课程开发范畴，完善国家、地方、校本三级课程体系，建立了具有地域文化特色的综合性课程群落。二是在各学校研发校本课程与实践中，注重在地化与国际化的融合，“双循环”模式下在地化课程实践项目特色凸显，如表 5-8 所示。

表 5-8　生态文明教育课程在地化与国际化的融合

专题	内容	在地化 实践项目	联合国教科文组织 可持续发展目标（SDGs） 与优先行动领域	理论支持与 实践特点
社会发展	践行健康生活方式，包括在家庭、班级、学校、社区中自觉践行可持续消费、低碳出行、节水节电等绿色生活方式，研究制定解决方案	1. 还净未来，共享绿色——净化永定河行动； 2. 绿色种植，让生命成长； 3. 酵素制作与家庭生活； 4. 麻峪煤改电，争做有责任的小学生	SDG3：健康与福祉 SDG1 与 SDG2：无贫穷与零饥饿 SDG11：可持续城市与社区 SDG12：负责任消费与生产	运用转化式学习理念与服务学习理念，依托区域生态资源，开展在地化课程实践，师生深入参与其中，提出解决方案，服务社区、家庭、学校与社会
环境保护与发展	城市水、电等多种资源与能源状况调查，研制清洁能源科技创新方案；城市地区居民防治地震、雾霾危害等类问题调查，提出应对气候变化相关方案建议	1. 垃圾分类大智慧； 2. 永定河水研究； 3. 水下机器人和水资源监测与保护； 4. 节能校园设计	SDG6：清洁饮水与卫生设施 SDG13：气候行动 SDG15：生物多样性 SDG11：可持续城市与社区	
经济发展	城市社会、经济、环境与文化可持续发展问题调查与解决方案建议	1. 古树的保护与复壮； 2. 绿色首钢与绿色奥运； 3. 首钢变迁与生态文明； 4. 奥运课程与行动	SDG16：和平正义 SDG17：全球伙伴关系 SDG9：产业创新	
文化发展	保护传承中国与共建“一带一路”国家的优秀传统文化；保护文化遗产，加深对于“构建人类命运共同体”理念的理解	1. 石景山民谣戏曲； 2. 八大处楹联文化、茶文化、建筑文化； 3. 法海寺壁画； 4. 冰川文化； 5. 驼铃古道	SDG4：优质教育 SDG11：可持续城市与社区	

3. 生态文明行动成效显著

区域生态文明教育以一体化实施机制为动力，在生态文明行动与优质教育方面成效显著。主要表现在：以 2030 年可持续发展目标为依托，开展区域生态文明行动创新。师生在教育教学活动中积极开展“双碳”目标（碳达峰与碳中和）等热点问题研究与实践，提出研究方案与解决方案，可持续发展素养显著提升。教师能够利用身边的学习资源，联合家庭与社区，引领学生开展项目调研与学习，服务社区与社会（见图5-9）。近年来的数据显示，大多数学生养成了绿色低碳、节水节电、垃圾分类等良好生活习惯，70%以上的学生在关心与调查周边社区不可持续发展问题并提出创新性解决方案的过程中养成并增强了绿色可持续生活习惯与服务社会的意识，分析问题与解决问题的能力显著提升，学习成绩有明显进步。

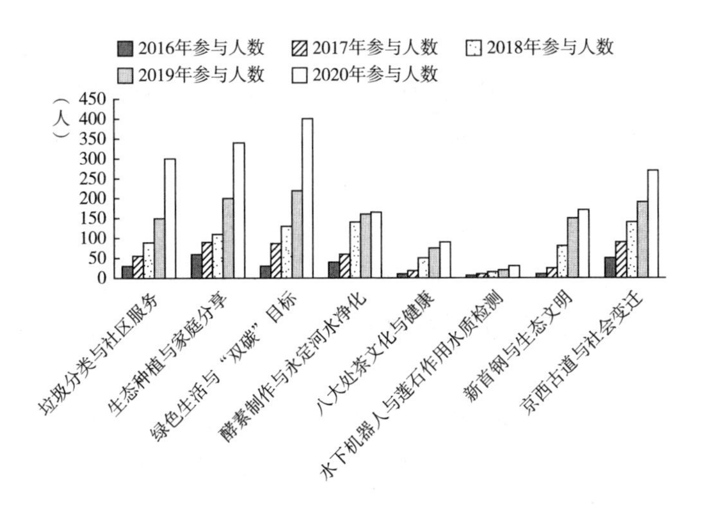

图5-9 2016—2020年可持续发展教育实验学校生态文明行动学生人数变化

资料来源：2016—2020年石景山区可持续发展教育项目实验学校总结材料。

综上所述，区域生态文明教育在整体推进过程中，融合国际与国内可持续发展与生态文明教育理念，开展了项目实践与研究，凸显了“双循环”模式的世界性与在地性，成效显著。

三 区域生态文明教育“双循环”模式发展的未来图景与实践进路

新时代深入开展生态文明教育，需要全社会逐步转变思考与行动方式，需要每个人都成为可持续性变革的推动者，只有如此才能创造更加可持续的世界，解决可持续发展目标中描述的可持续性相关问题。联合国成员国之间需要建立国家框架并确立政策和措施，推动落实《2030年可持续发展议程》。因此，面向未来，构建区域生态文明教育的“双循环”模式需要做好以下三个方面。

（一）宏观层面：政策引领赋能，助力生态文明教育“双循环”模式

政策与制度是生态文明教育有效实施的保障。《2020 年可持续发展目标进展报告》与《2030 年可持续发展教育路线图》的发布，进一步强调了可持续发展教育的紧迫性。

1. 国际层面

《2030 年可持续发展教育路线图》强调各成员国应该通过国家政策做出行动支持，如推出贯彻实施《2030 年可持续发展教育路线图》的国家级举措应以可持续发展目标 4（SDG4）为依据，在国家范围内扩大影响力；将《2030 年可持续发展教育路线图》与 2030 年可持续发展目标融合，并整合到可持续发展目标国家框架以及国家教育框架中；通过多种活动涵盖一个或多个优先行动领域，密切多部门的合作和伙伴关系；加强可持续发展目标的交流和宣传，用清晰明确的目标体系来监测和评估国家倡议的阶段性进展。

2. 国家层面

进入 21 世纪，我国相继出台了与生态文明建设息息相关的法律和政策。《中华人民共和国民法典》《中共中央 国务院关于全面加强生态环境保护 坚决打好污染防治攻坚战的意见》对生态法制建设做出了总体部署。各级政府与教育行政部门应出台或完善与《中国教育现代化 2035》《关于深化新时代教育督导体制机制改革的意见》《关于全面加强新时代大中小学劳动教育的意见》《“美丽中国，我是行动者”提升公民生态文明意识行动计划（2021—2025 年）》相辅相成的区域生态文明教育政策与制度，与《2030 年可持续发展教育路线图》耦合，与区域教育政策对接，如《北京市中小学可持续发展教育指导纲要》等，用更加符合新时代发展的《公民生态环境行为规范（试行）》规范学习者的生态文明行为，落实立德树人根本任务，同时延展新时代终身学习体系的内容与内涵。

（二）中观层面：区域合作赋能，合力构建生态文明教育“双循环”模式

1. 积极建设“互联网+生态文明”学习共同体

推动建立中国—国际生态文明教育与可持续发展教育国际合作交流平

台，促进可持续发展教育的国际合作。[①] 在各级各类学校开展生态文明教育过程中，注重国际学习资源和项目的引入，在未来生态文明教育中，除了重视“走进来”，更要重视“走出去”，提升中国生态文明教育与可持续发展教育的国际影响力。[②] 同时，将生态文明领域合作作为共建“一带一路”重点内容，2021年10月中国承办的《生物多样性公约》第十五次缔约方大会，通过各方合作推动全球生物多样性治理迈向新台阶。因此，我们需要关注国际互联网教育资源，注重国际可持续教育发展趋势和国内生态文明教育的关联研究，借鉴联合国和其他国家的研究成果与成功经验，用特色鲜明的理论研究成果和优秀案例为世界可持续发展教育贡献中国智慧。例如，基于互联网的全球教育和学习网络——青年硕士计划，学生和教师通过虚拟教室可以就可持续发展问题建立理解与合作，以不同的视角探讨解决方案。已有超过116个国家的30000多名学生与3000多名教师完成了青年硕士计划，取得了积极的成果。[③]

2. 组建生态文明教育与可持续发展教育国际研究共同体团队

借鉴PPP（Public-Private-Partnership）模式，以政府为主导，建立与学校、企业之间的多方协同机制，凸显政府、研究机构、国际组织、企业和非政府组织（Non-Government Organizations）的合作，构建区域可持续发展的良性循环体系。各级政府部门要组建由教育教学、科学技术、环境保护等多领域人员共同参与的专家团队，该专家团队的主要责任是设立与《2030年可持续发展议程》17个可持续发展目标相对应的区域目标以及建设生态文明与推进可持续发展进程中的系列目标。该专家团队要进一步将可持续发展目标进行整合与细分，将其设计为认知目标、情感与价值观目标、行为目标与每一系列的学习实践活动专题。该专家团队要负责指导区域生态文明教育与《2030年可持续发展教育路线图》的实践融合与优秀案例的撰写，并及时提交到联合国教科文组织的相关部门，有效传递中国落

① 沈欣忆，张婧，吴健伟，等．新时期学生生态文明素养培育现状和发展对策研究——以首都中小学学生为例［J］．中国电化教育，2020（06）：45-51.

② 沈欣忆，张婧，吴健伟，等．新时期学生生态文明素养培育现状和发展对策研究——以首都中小学学生为例［J］．中国电化教育，2020（06）：45-51.

③ McCormick K.，Muhlhauser E.，Norden B.，Hansson L.，Foung C.，Arnfalk P.，Karlsson M.，Pigretti D.．Education Forsustainable Development and the Young Masters Program［J］．Journal of Cleaner Production，2005（10-11）：1107-1112.

实2030年可持续发展目标的教育信息与中国智慧。

3. 建立国际绿色学校联盟

由各国ESD全委会推荐本国的可持续发展教育优秀学校，由联合国教科文组织各国办事处协调成立，组建实施机制，合作开展可持续发展教育。例如，美国“绿色学校联盟”（Green Schools Alliance，GSA）是一个由绿色学校和绿色学校领导者组成的国际联盟，用以与当地和全球的其他成员建立网络联系。GSA促进学校层面的目标设定、实施和评估，共同开展系列活动以及在网络范围内分享成功的故事，如“绿色杯挑战赛”旨在减少能源使用和改善回收及废物削减项目，该联盟还通过免费在线杂志分享教职员工关于绿色学校建设与实践的故事。设立国际生态行动联合小组，以可持续发展目标为依据，开展可持续发展教育青年行动。关注气候变化、环境污染等问题，通过国家间的合作与互学互鉴，共同参与到可持续发展实践进程中，实现网络空间联动，推进洲际、国家间的合作、包容与可持续发展。

（三）微观层面：在地实践赋能，聚力区域生态文明教育“双循环”模式

在地实践与学习是区域生态文明教育的特色，生态文明教育纳入国民教育体系势在必行。未来10年，区域生态文明教育的实践进路包括以下三个。

1. 依托区域社会与自然资源进一步深化与重构课程

依托生态文明建设中经济、社会、环境与文化等身边的可持续发展实际问题，提高学习者的学科知识成绩与生态文明素养。通过建设生态学习社区、建设绿色学校与专题培训等形式，开展以可持续发展目标为基础的创新实践研究与培训，以《教育促进实现可持续发展目标：学习目标》《教育部关于实施卓越教师培养计划2.0的意见》为依托，提升教师的生态文明素养、专业化水平与创新能力，全机构开展在地生态文明教育与实践，加快实现教育现代化目标。

2. 转变学习方式助力优质教育目标实现

进一步将生态文明教育全面融入国民教育系统，使其成为各级各类教育的通识课程，促进区域优质教育的实现。在各级各类学校中大力开展可

持续学习课堂实践研究，通过创新学习方式，如项目式学习、服务学习等，与城市发展、社区生活、环境保护等问题结合起来，真正实现“城教融合”。例如，北京市石景山区2019年9月发布的《石景山区西山永定河文化带保护发展规划》，以区域丰富的自然和文化资源为依托，构建特色鲜明的文化展示集群，以区域社会资源群落助力生态文明教育背景下的“城教融合”成为未来区域社会可持续发展的趋势。

3. 建设更具包容性、安全性与可持续性的学习型城市与社区（乡村），助力实现可持续发展目标（SDG11：可持续城市与社区）

可持续发展教育是优质教育与终身学习的重要组成部分，通过正规、非正规和非正式教育，在社区、乡村开展生态文明教育培育公民生态文明素养。以建设生态文明为主线，将可持续发展目标和国家生态文明建设诸项要点纳入各级各类教育课程，以整体性更新设计学习型城市与社区（乡村）的内容体系和教育、学习方式，并在各级教育与学习实践中落实，使之成为终身学习体系建设的核心目标之一，以此引领全社会成员形成建设生态文明社会所需要的社会责任感、正确价值观与生态行动能力，将成为新时代赋予学习型社会建设与生态文明建设的新内容、新目标与新使命。

新时代生态文明教育应是以“创新、协调、绿色、开放、共享”新发展理念与《2030年可持续发展教育路线图》为引领，以绿色、循环与“双碳”目标为基础，以生态文明示范区、示范校、示范社区建设为着力点，依托生态文明教育“双循环”模式助力美丽中国建设、“两个一百年”奋斗目标、人与自然生命共同体与人类命运共同体建设目标的实现。

第六章 世界可持续发展教育热点与中国实践

第一节 全球可持续发展教育的状况与未来发展

联合国教科文组织在实施《关于促进国际理解、合作与和平的教育以及关于人权与基本自由的教育的建议书》的第七次磋商会议上，根据各成员国的报告，对 2017—2020 年全球实施可持续发展教育的情况进行了总结，由此得出了十大结论。第一，几乎所有的国家都报告 ESD 在国家法律、政策、课程、教师教育和学生评价上有所体现；第二，ESD 在职业技术教育或成人教育上的体现非常少；第三，与“学会合作”相关的主题比“学会可持续生活”相关的主题更多地反映在国家法律和政策上；第四，与其他主题相比，气候变化教育与可持续生产和消费在课程与教师教育上的反映少于其他主题；第五，ESD 在中小学教育上的体现最多，在学前教育上的体现最少；第六，在中小学教育中，关于“学会合作”的主题在社会科学、伦理学和公民学教育中最常教授，关于“学会可持续生活”的主题在科学、社会科学、地理和公民课中教授最多；第七，国家报告显示教师可以获得 ESD 的相关培训；第八，ESD 主要涵盖教师教育和学生评价，尽管价值观、态度和行为的测试不如知识和技能那么普遍；第九，政府对 ESD 研究的支持非常有限；第十，各国正在采取积极行动推动 ESD 的国际合作。

表 6-1　联合国教科文组织文件（报告）对教育的最新引领

联合国教科文组织文件或报告	对生态文明与可持续发展教育的引领内容
《学会融入世界：为了未来生存的教育》	1. 到 2050 年，人类根植于生态系统之中的观念将深入人心。我们不仅是社会性的，还是生态性的生物。我们已经消除了自然科学与社会科学之间的界限，所有的课程和教学都牢固地建立在生态意识的基础之上 2. 我们将教育实践重新定位在共同的世界，不再区分社会和环境。在致力于寻求代际和多物种正义的激励下，我们在受到破坏的地球上，已将教育的目标从人文主义宪章转变为生态正义的一种 3. 从倡导人文主义到践行生态意识；从争取社会正义到争取生态正义；从认识作为社会的人到认识作为生态的人；从倡导人类的世界主义到理解超越人类的宇宙论；从培养人类的环境管理到参与超越人类的集体修复伦理；从学习如何更好地管理、控制或拯救世界，到学习如何融入这个世界
《一起重新构想我们的未来：为教育打造新的社会契约》	1. 课程应注重生态、跨文化和跨学科学习；重新构思课程，纳入围绕与地球生活相关的知识实践的代际对话 2. 学校应在可持续发展、碳中和方面成为典范；提出了面向 2050 年的对话与行动指导原则，这些指导原则包括：加强知识共享，重点开展气候变化教育 3. 社会正义与生态正义密不可分；生态危机要求课程体系从根本上重新定位人类在世界上的地位，应当重点实施有效且与人类息息相关的气候变化教育 4. 健康的教育生态系统是把自然、人为建造和虚拟的学习场所联系起来；我们应该更好地把生态圈视为学习场所；数字学习空间现在已经成为教育生态系统的组成部分

1974 年 11 月联合国教科文组织第十八次大会通过了《关于促进国际理解、合作与和平的教育以及关于人权与基本自由的教育的建议书》（以下简称《建议》）。联合国教科文组织成员国需要定期提供《建议》在各级各类教育，从学前教育到大学教育、正规教育和非正规教育中实施的进展。本章涵盖了 2017—2020 年联合国教科文组织成员国的实施成果。各国提交的报告也是监测可持续发展目标具体目标 4. 7 的官方信息来源。可持续发展目标具体目标 4. 7（到 2030 年，确保向所有学习者提供促进可持续发展的知识和技能，其中包括可持续发展和可持续生活方式、人权、性别平等的教育，推广和平和非暴力文化、世界公民意识和对文化多样性及文化对可持续发展的贡献的尊重）关注可持续发展教育。

为了使每个人积极推动宗旨的实现，促进国际团结和合作，以下目标应被看作教育政策的主要指导原则。

第一，国际层面和各级各类教育的国际视角；

第二，尊重和理解所有人，包括他们的文化、文明和价值观以及生活方式，包括本民族的文化和他国文化；

第三，认识到全球各国和各国人民日益加深的相互依赖；

第四，具备和他人交流交往的能力；

第五，认识到这不仅是权利，而且是个人、社会团体和国家之间对彼此负有的义务；

第六，理解国际社会团结和合作的必要性；

第七，就个人而言，增强参与解决本社区、国家和世界普遍问题的意愿。

为达成磋商会议的目的，各成员国被要求按照以下八个主题进行报告（见表 6-2）。

表 6-2　各成员国报告主题及内容

序号	主题	内容
1	文化多样性和文化包容性	包含国际和跨文化理解，团结和合作，跨文化和跨宗教对话，本地、国家或全球公民教育
2	性别平等教育	包含基于性别的平等机会、性别平等和正义
3	人权教育	基于种族、颜色、语言、宗教、残疾、政治的和其他的观点的平等和非种族歧视
4	和平和非暴力	包括各个国家和人民友好相处，挑战成见，推动和平解决，学会合作，包容他人和防止暴力极端主义，防止各种形式的暴力，包括霸凌、言语暴力以及性别暴力
5	气候变化教育	包含减缓、适应、减少影响及早期预警
6	环境可持续性	包含关爱地球、保护自然、环境正义、生物多样性和水资源
7	人类生存和福祉	关系到人类福祉和灾害减除，为了子孙后代的地球健康，可持续城市和社区
8	可持续生产和消费	包含负责任的和可持续的生活方式、绿色经济和绿色工作、可持续能源

资料来源：Paragraphs 3 and 4 of the 1974 Recommendation Concerning Education for International Understanding, Cooperation and Peace and Education Relating to Human Rights and Fundamental Freedoms。

一　整体应答情况

在第七次磋商会议期间，有 75 个成员国（占比为 39%）提交了报告，比上一轮即 2016—2017 年的 83 个成员国（占比为 43%）有小幅下降。按照磋商会议的期次和 SDG 的地区[①]分类罗列的响应率（省略）。许多成员国未能在最近的磋商中做出回应，部分是新冠疫情所致。这些做出回应的，大部分都提供了在 2017—2020 年实施《建议》的详细信息。有 16 个成员国，占比为 21%，15 年来首次做出回应，少数国家阐述了实施《建议》的直接影响。

注意到本次呈现的分析是基于不到 40%的联合国教科文组织成员国的自我报告的信息很重要，做出回应的这些国家很有可能是对实现《建议》的目标进行了承诺，从而积极报告其执行情况。总体而言，结果是积极正面的，尽管有其他的证据来源，如最近对全球教师的关于将 ESD 纳入教学中的意愿的调查——教师有他们的发言权：动机、可持续发展教育教学的动机和技能[②]，显示进展可能很不平衡。此外，各国在提交报告之前都要由官方咨询各方建议，几乎所有的报告都由教育部来完成。64%的报告在完成之前咨询了政府部门的同事，只有 20%的报告不仅咨询了教育部，还咨询了国家人权机构。大约 30%的报告咨询了教育利益相关者，如教师、学生或者学生家长。大约 20%的报告咨询了其他民间社会组织。整体上看，大约 30%的报告广泛咨询了政府内外的组织，但是有 20%的报告没有咨询过任何信息。

二　主要结论

结论一：几乎所有的国家都报告 ESD 在国家法律、政策、课程、教师教育和学生评价上有所体现。

几乎所有国家的报告中都提到，ESD 已经体现在国家法律、政策、课

---

① 本章使用了可持续发展目标区域（https://unstats.un.org/sdgs/indicators/regional-groups/），因为其是用于官方监测关于实现《2030 年可持续发展议程》的进展情况的区域。

② UNESCO. Teachers Have Their Say: Motivation, Skills and Opportunities to Teach Education for Sustainable Development and Global Citizenship [EB/OL]. https://unesdoc.unesco.org/ark:/48223/pf0000379914.

程、教师教育和学生评价中。至少有95%的国家报告ESD体现在国家教育体系中，其中课程最为显著，教师教育和学生评价较少。关于ESD是否在相关文件中被明确提及并且由相关部门实施，89%的提交报告的国家做出积极正面回复。在东亚、东南亚和拉丁美洲及加勒比地区的成员国报告称ESD已经在国家法律、政策、课程、教师教育和学生评价中主流化。来自欧洲和北美洲的国家报告称ESD在国家法律和政策中已经主流化，而来自中亚、南亚和撒哈拉以南的非洲的国家仅报告ESD课程已经进入主流化。

结论二：ESD在职业技术教育或成人教育上的体现非常少。

57%的成员国报告称ESD体现在职业技术教育与培训中，在多数情况下，职业技术教育与培训的课程，特别是在中学阶段，和普通教育涵盖同样的核心主题。此外，有几个国家报告近期的或计划修订的职业技术教育与培训的课程明确纳入了ESD主题。有时候，课程改革伴随着职业技术教育与培训的教师的继续教育计划，该计划涵盖ESD主题。仅有51%的成员国报告称ESD在成人教育中有所体现。除了为成人提供的"第二次教育机会"项目（或成人补习计划）外，多个国家报告称也有专门为成年人设计的整合ESD项目。在一些国家中，与成人教育有关的国家政策旨在确保培养成人可持续发展技能。

结论三：与"学会合作"相关的主题比"学会可持续生活"相关的主题更多地反映在国家法律和政策上。

将各级各类教育结合起来，各国报告了与"学会合作"最相关的主题，如文化多样性和文化包容性、性别平等教育、人权教育与和平和非暴力的反馈情况。数据显示，"学会合作"的内容93%呈现在国家法律和合法框架下，97%呈现在教育政策中。相反，与"学会可持续生活"紧密相关的主题，如气候变化教育、环境可持续性、人类生存和福祉、可持续生产和消费体现较少，85%在国家法律和合法框架下，92%在教育政策中。气候变化教育与可持续生产和消费涵盖得最少。课程、教师教育和学生评价中观察到的差异较小，整体上，与"学会合作"紧密相关的主题在学生评价中的体现（89%）与在国家法律、政策、课程和教师教育中（93%—98%）相比最少。与"学会可持续生活"紧密相关的主题在国家法律中的体现最少（85%）。

结论四：与其他主题相比，气候变化教育与可持续生产和消费在课程与教师教育上的反映少于其他主题。

除了是在国家法律中体现最少的主题，气候变化教育与可持续生产和消费分别在课程和教师教育中涵盖较少。与其他 ESD 主题相比，气候变化教育在课程中的体现最少（其他主题平均为 98%，气候变化教育为 94%）。可持续生产和消费在教师教育中的涵盖最少，为 91%（其他主题平均为 93%）。ESD 在课程和教师教育中的体现，占比最大的是文化多样性和文化包容性与环境可持续性，气候变化教育较少，为 94%，教师教育中可持续生产和消费仅占 91%。

结论五：ESD 在中小学教育上的体现最多，在学前教育上的体现最少。

总的来看，ESD 在中小学教育上的体现比在学前教育、非正规教育等其他各级各类教育多，范围从 100% 融入课程中到 93% 融入国家法律中。ESD 在学前教育上的体现最少，特别是在学生评价（仅占 73%）和国家法律（仅占 87%）中。ESD 在各级各类教育中的体现，从教育主题看，在课程、学生评价、教师教育等方面更为突出。

结论六：在中小学教育中，关于"学会合作"的主题在社会科学、伦理学和公民学教育中最常教授，关于"学会可持续生活"的主题在科学、社会科学、地理和公民课中教授最多。

《建议》指出，成员国应该鼓励教育主管部门和教育者制订和《建议》相一致的教学计划，用跨学科的、问题导向的内容来应对所涉问题的复杂性。各国报告显示，可持续发展教育已经贯穿于中小学课程中。它们在社会科学和综合研究的所有案例中几乎都有教授。关于"学会合作"的主题，如文化多样性和文化包容性、性别平等教育、人权教育、和平和非暴力等在伦理学和公民学中被广泛教授。此外，文化多样性和文化包容性涵盖在艺术课中，和平和非暴力涵盖在历史课中。与"学会可持续生活"相关的主题，如气候变化教育、环境可持续性、人类生存和福祉、可持续生产和消费在科学课中的几乎所有案例都有涵盖，另外还有社会科学和综合研究以及地理和公民课。数学是涉及这些主题最少的普通学科。

结论七：国家报告显示教师可以获得 ESD 的相关培训。

根据各国的自我评价，各个学科教师都可以接受 ESD 的职前培训和持续的专业化发展的培训，不只是在 ESD 典型教授的学科中。大约 90% 的教师可以接受以上两种培训。可广泛接受以上两种培训的是中小学教师

(96%)，非正式教育的教师（81%）接受以上两种培训的最少。各国报告显示，教师培训不仅包括知识，还包括技能，价值观、态度和行为（92%—94%）。而且，教师被教授使用全机构法和跨学科方法（88%）以及ESD可贯穿所有学科的整合的方法（79%）。对单独学科教学进行ESD的培训相对比较少（36%）。

结论八：ESD主要涵盖教师教育和学生评价，尽管价值观、态度和行为的测试不如知识和技能那么普遍。

各国报告教师接受的ESD教学培训包括知识，技能，价值观、态度和行为等各个方面。ESD也通常涵盖在学生评价中，虽然对价值观、态度和行为的测试比知识和技能要少。知识和技能的评价在中小学和高等教育阶段是一致的（96%—100%）。在学前教育阶段，学生评价在学习内容的各个方面是不普遍的（占79%）。

结论九：政府对ESD研究的支持非常有限。

不到半数的成员国（45%）支持研究相关活动来推动ESD的实施。这些研究主要是在可持续发展领域，但并没有与改善这一领域的教育紧密联系在一起。

结论十：各国正在采取积极行动推动ESD的国际合作。

84%的成员国报告显示参加相关推动ESD国际合作的活动。参加国际会议的关注度最高（96%），其次是成为国际联盟的成员（88%）和支持接待留学生、教师和研究者的项目（86%）。各成员国应该充分发挥国际合作在开展国际教育中的作用，组织参加国际会议和研讨会，推动学生互访以及教师、学生之间的时空交流等。

三　关于全球SDG指标可持续发展目标（SDG）指标4.7

《建议》的原则是推动落实《2030年可持续发展议程》的重要工具，特别是通过教育推动可持续发展的SDG的具体目标4.7实现。

4.7.1：可持续发展教育在中小学教育中，在国家法律、政策、课程、教师教育、学生评价中主流化。这一指标还用在全球监测SDG具体目标12.8上获取可持续发展的信息，以及13.3的气候变化教育上。

该指标在2021年7月首次发布在联合国全球指标数据库中[1]，在《建议》第七次磋商会议结束后，有69个成员国提交了数据。该指标按照四个组成部分包含了国家法律、政策、课程、教师教育和学生评价等。赋值范围从0.000到1.000。越接近数值1.000，ESD的主流化程度越高。ESD在某一部分的主流化，是指该部分在相关文件中被详细提及并预期由相关部门来实施。

只有少数国家报告ESD在中小学教育的所有指标（国家法律、政策、课程、教师教育和学生评价）中高水平主流化。

总之，对《建议》咨询的回应表明：在提交报告的国家中，各国政府对该原则都有坚定承诺。然而，来自联合国教科文组织其他来源的证据表明，进展极不平衡。教师虽然有学习的动力，但是1/4参与调查的教师表示他们对ESD主题的教学缺乏信心。ESD的主流化在课程中体现得很高，其次是教师教育，但是在国家法律、政策和学生评价方面还需要继续提升。面向未来，在完成关于实施《建议》第七次磋商会议之后，2021年11月联合国教科文组织第四十一次会议决定，审查和修订《建议》，在促进人权、基本自由、全球和平、国际理解和可持续发展[2]等方面，充分发挥教育的推动作用。今后两年，联合国教科文组织将会和成员国、合作组织、民间团体、学术界、专家和教育各利益相关者开展一系列广泛的、包容的、全球的、地区的和主题化的磋商来修订《建议》。

第二节　全球气候变化教育与可持续发展[3]

联合国教科文组织最近的调查结果显示，在这100个国家中的近一半评价中显示其国家课程框架里没有提到气候变化。在58000位被调查教师中绝大多数（95%）认为气候变化的教学很重要，只有大约23%的教师能够透

---

① https：//unstats. un. org/sdgs/unsdg.

② Para 7 of 41 C/51 "Preliminary Study Related to the Technical and Legal Aspects Relating to the Desirability of Revising the 1974 Recommendation Concerning Education for International Understanding, Cooperation and Peace and Education Relating to Human Rights and Fundamental Freedoms".

③ 本节数据源于 https：//unesdoc. unesco. org/ark：/48223/pf0000383567? posInSet = 1&queryId = 5af3c33e-bc7a-4d7a-aff4-1738ecf3933f。

彻解释如何采取气候变化行动。这些发现反映了年轻人日益加剧的生态焦虑，他们对自己的未来感到担心。《联合国气候变化大会框架公约》第6款和《巴黎协定》第12款，都强调了教育的作用。

联合国教科文组织于2021年5月在世界可持续发展教育大会上发布了《2030年可持续发展教育路线图》，有70多名教育部长、副部长以及2800多位利益相关者承诺将整合可持续发展教育，包括将气候行动整合为核心课程的组成部分。在之后的米兰气候变化青年行动（Youth 4 Climate）宣言和在格拉斯哥的《联合国气候变化框架公约》缔约方会议第二十六次大会（COP26）上发布的《格拉斯哥赋权气候行动工作方案》，气候变化教育第一次占据中心地位。基于此，2022年联合国变革教育峰会发布了“绿色教育合作伙伴关系”计划，旨在使每一位学习者为气候变化做好准备。为通过合作伙伴关系来促进全球的协调行动工作，联合国教科文组织正在着手“绿色学校”项目计划，基于青少年的需求与实践开发绿色课程。该计划由两个阶段组成，一是收集青少年需求，二是将青少年需求转化为课程指南，提供给政策制定者和教育者。本节是第一阶段的成果，专注于收集青少年关于气候教育的真实声音。

一　研究概况

本次的数据和信息是通过网上在线调查和焦点小组的讨论收集的。网上在线调查的开发是由LIME SURVEY来完成的，并于2022年6月22日至8月8日通过全球合作伙伴分发给青少年。此外，五个地区焦点小组同12—25岁的年轻人进行了讨论。被试年轻人是基于联合国教科文组织战略伙伴关系的推荐选出来的，兼顾地理位置的平衡、年龄和性别的多样性。本调查和焦点小组的讨论的设计是为了探究气候变化教育的地位、满意度以及对气候变化全机构法的五个要素的期待值：学习内容、教学方法、学习环境、学校管理以及学习合作伙伴关系。来自分布在世界各地的166个国家的约17500人，其中年轻人（17471人）参与了网上在线调查，大部分（88%）年龄为11—19岁。共有29名青年参加了五个地区焦点小组，每人的咨询时间为1.5小时。

本节中呈现的观点不能反映全世界最有代表性的样本。由于问卷的分发和讨论者的招募是由联合国教科文组织全球合作伙伴来完成的，其中的一个国家（菲律宾）具有不成比例的大量应试者（12227 人）。本调查线上使用三种语言，即英语、法语和西班牙语，焦点小组的线上采访只使用英语和法语，这可能会将不能获取稳定的互联网连接和不能使用任何一种工作语言的青年排除在外。

二　研究结果

大多数年轻人（91%）指出他们在学校学习气候变化。然而，他们表达了对所接受的气候变化教育质量的关注。70%的青年在接受调查时说他们听说过气候变化但是不能解释气候变化到底是什么（27%）或仅能解释其大原则（41%），又或一点都不知道（2%）。然而至少 90%的应试者基本同意学校应该是为气候变化做好准备的地方，只有 79%的应试者注意到学校是目前为气候变化做准备的场所。1/5 的应试者称根据他们在学校所学，没有感觉到已经为气候变化做好准备，大部分应试者（91%）想让学校多教一些气候变化方面的内容。因此，主要结论有以下五个方面。

1. 青年需要气候变化教育来了解气候变化和采取气候行动，并通过全机构法，帮助他们重新考虑人与自然的关系

总体而言，由应试者确定的气候变化教育的三大目的是获取气候变化的科学知识和结果、理解人类活动如何导致气候变化、能够采取行动使其产生积极变化。这里有一些区域差异：来自欧洲和北美洲（67%）的以及中亚和南亚（69%）的，最有可能注意到气候变化教育在社会积极变革中所起到的核心作用。而来自北非和西亚以及撒哈拉以南非洲（分别为 58%和 54%）的更多地注意到气候变化教育的目的是培养技能来应对气候变化，青年参加深度讨论表达教育重新审视我们如何看待人与自然的关系的需要，认识到人类和自然的关系不是以人类为中心的、二元视角的，应该是新气候变化教育的价值基础。

2. 青年需要了解更加系统的学习内容

一是青年需要气候变化各个方面的跨学科教学。受访者表示，气候变化教育主要在自然科学中教学（50%）。只有 25%的受访者表示气候变化教育已经整合进多门学科中，40%的受访者表示气候变化作为一门独立的学科教授。有趣的是，年龄段越高，气候变化教育倾向于作为单独学科教授的可能性越低。来自欧洲和北美洲的 22%的受访者表示在他们的课程中，气

候变化教育被整合到多个学科中教学，在所有地区中最高。大洋洲中只有5%的受访者表示气候变化教育被整合到多个学科中。来自东亚和东南亚的38%的受访者表示气候变化教育作为一门独立的学科教授，在所有地区中占比最高。在关于希望气候变化被如何教授时，更喜欢将其作为一门独立学科或跨多门学科教学的比重上升，而更喜欢将其作为自然科学的一部分的比重在下降。这适用于所有年龄和所有地区。与其他地区相比，来自北非和西亚、欧洲和北美洲，以及撒哈拉以南非洲（分别为42%、40%和38%）的受访者更想看到气候变化在不同的学科中教学。

二是青年需要气候变化教育处理复杂性和关联性问题。在气候变化教育的认知维度，年轻人表达了想了解更多关于气候变化的历史责任、气候正义以及在他们的国家和地区背景下，气候变化意味着什么的问题。对更多了解最新关于气候方案的讨论有明显的兴趣，范围从应对自然灾害、帮助修复自然，到了解替代经济，例如，循环经济，以便于青年能够学会找到积极的替代方案解决危机。

实际上，气候变化的情绪影响，如气候焦虑、幸福感以及气候变化教育之间的关联度相对较低。仅有13%的受访者指出他们参与写下了气候变化的感受。31%来自中亚和南亚的受访者表示他们参与的活动涉及写出他们对气候变化的感受，相比来自拉丁美洲和加勒比地区的是13%。青年呼吁以行动为导向的气候变化的学习来帮助他们寻找具体的解决方案，从动手实践技能，让自己的生活更环保（如自己种植蔬菜）；从培养企业家精神来学会如何表达自己的关切，参与决策过程和采取公民行动。这些涉及学习领导力、谈判和数字技术。

3. 气候变化与教与学方式变革

一是青年人需要以学习者为中心，采用体验式和反思性学习方法。在所有受访者中，64%的受访者指出他们通过创作海报、图表和绘画等活动学习了气候变化的影响。通过项目式学习（33%）、与当地组织和专家合作（12%）以及实地考察（9%）学习气候变化影响的相对较少。当被问到更喜欢参与气候变化的哪种类型的活动时，他们说更喜欢体验式的、项目式的活动，包括在校外同当地组织和专家合作，希望少一些被动活动，多一些主动参与的活动。同时，77%的受访者强烈同意应该由来自不同背景的人士共同学习和处理气候变化这一问题的复杂性。按照年轻人的说法，今天的气候变化教育不够有趣也不够吸引人，且只关注一般概念的讲述而不是实践，在社区也没什么相关。此外，年轻人能够表达他们对气候焦虑的空间很小，这就需要多样化的教学法，如艺术、音乐、地方文化展示以及讲故事等方法。青年希望参与互动活动，例如，学校里的可持续性问题的头脑风暴、参与评估学校垃圾和能源利用以及参与创新型气候变化项目。他们还指出，指导年轻学生为应对气候变化采取行动，在努力提高认识和采取应对气候变化的紧急行动方面发挥着重要作用。二是青年需要得到足够多的支持为气候变化教学做好准备。2021 年，来自 144 个国家的 58000 名教师参与了全球调查[①]，结果显示，不足 40%的教师对气候变化严重性的教学有信心，32%的教师感觉他们可以在当地背景下解释气候变化，仅有 23%的教师为气候变化教学做好准备，尽管有 95%的教师认为气候变化的教学重要或者很重要。学生们分享并注意到了教师们的挫败感，他们看到教师们需要更多的支持来处理课堂上的气候变化问题，特别是通过更多的教学资源和与社区专家的合作来提供支持。

4. 气候变化教育与学习环境

一是学校应该成为气候变化教育的重要场所。89%的受访者认同学校是人们为气候变化做好准备的地方。只有 78%的受访者说目前学校具有这一功能。从地区来说，只有 43%的来自欧洲和北美洲的受访者同意、基本同意和强烈同意这一说法，在各地区中人数最少，而来自东亚和东南亚国家的受访者正面回应最高（88%）。91%的受访者认同绿地在学校中很重要，且很多活动应该是户外的。这与“将学校场地改造成自然丰富的环境是一个强大的工具，可以改善身心健康、社会环境，提升认知技能、创造力和学习成绩”的呼吁不谋而合。[②]

二是青年需要在学校气候变化行动决策方面有更大的话语权。根据调查结果，学校气候变化工作由成年人主导（53%），如校长、教师、学校管理人员，多于由学生、学生代表或学生社团（20%）主导。通过家长—教

---

① UNESCO. Teachers Have Their Say: Motivation, Skills and Opportunities to Teach Education for Sustainable Development and Global Citizenship [EB/OL]. https://unesdoc.unesco.org/ark:/48223/pf0000379914 and hyperlink.

② The Salzburg Global Seminar. The Salzburg Statement for Greening School Grounds & Outdoor Learning [Z]. 2022.

师协会或家长—教师—学生委员会参与决策过程的非常少（18%）。关于气候变化教育经历，只有32%的受访者参与过如何使学校可持续发展的头脑风暴。只有32%的受访者参加过评估他们学校垃圾和能源使用情况。青年要求学生应该在学校政策制定过程中发挥更大作用，并将政策制定与气候变化学习活动联系起来，使得学校成为所有利益相关者参与气候行动的创新中心。

三是青年需要通过社区参与将气候变化教育情景化。当前，学习者在学校体验到的社区参与气候变化教育的最流行的方式是通过社会媒体、电视、报纸和广播（33%），关于气候变化的社区活动如节能运动（29%）等。年轻人想在当地社区看到更多的合作伙伴关系的活动，以加深气候变化教育的相关性，如有组织的气候变化的社区活动、同当地组织及其他学校的联合项目以及旅游来展示本学校的气候变化行动。他们指出邀请包括民间团体在内的当地利益相关者来客座演讲可以拓宽知识面。

5. 气候变化教育与地域的特殊性

（1）亚洲地区：在东亚和东南亚，与其他地区相比，该地区的受访者占比最高（96%）。受访者表示，气候变化在学校有教授，但是教育质量受到质疑。例如，只有26%的来自该地区的受访者说，他们能够很好地解释气候变化，在所有的地区中位居第二。与其他地区相比，该地区的受访者表示气候变化教育作为独立学科教学的占比为38%，在所有地区中最高。来自该地区的受访者特别强调了与当地社区相联系将学习体验情景化的重要性。在中亚和南亚，该地区受访者表示他们对气候变化了解很充分，并能很好地做解释的占比为第二高（46%）。呼吁通过旅游等体验式学习活动来展示学校的气候变化教育活动的占比最高（60%）。

（2）撒哈拉以南非洲：该地区受访者表示他们对气候变化了解很充分，并能很好地做出解释的占比最高（56%）。来自撒哈拉以南非洲的年轻人强调气候变化历史责任的重要性，以及培养处理气候变化的创业技能的重要性。北非和西亚：来自北非和西亚的受访者更多地注意到气候变化通过课外活动来教授（26%），其占比在所有地区中最高。来自该地区的受访者的显著评价包括需要数字技能和批判性思维。

（3）拉丁美洲和加勒比地区：该地区受访者表示，他们关于气候变化的知识非常有限，在所有地区中占比最高（79%），对气候变化一无所知的占 3%，听说过但是不能解释的占 24%，只能解释其大原则的占 52%。该地区受访者表示，他们学校参与社区的气候变化教学的占比最低，为 10%。该地区的年轻人对学校本土知识非常感兴趣。

（4）欧洲和北美洲：在所有地区中，该地区年轻人称没有在学校接受到气候变化教育的占比最高（37%）。约一半的受访者（47%）表示，基于他们在学校所学，他们没有为应对气候变化做好准备，这一点与其他地区不满意度相比最高。

（5）大洋洲：在所有地区中，该地区的受访者最少，只有 37 位年轻人参与了调查。考虑到这一限制，该地区有 76%的受访者表示学校正在发挥为气候变化做好准备的场所的作用。

调研发现，应试者越年轻，他们对气候变化教育学习体验的满意度越高。相比于年龄大的受访者，年轻受访者感觉基于他们在学校的所学为处理气候变化做了更好的准备（81%为 14—16 岁，63%为 23—25 岁），虽然他们不能像年龄大的受访者一样，有自信很好地解释气候变化。受访者的证词也证实了这一点，年龄较小的受访者在气候变化的学习体验上倾向于表达更高的满意度，与年龄较大的群体相反，他们倾向于对于自己的学习体验表达出失望和不满。这一观察结果可能表明，近年来，气候变化教育在学校的整合中有所改善。与男孩相比，女孩在使用学校所学应对气候变化方面缺乏信心。24%的女性受访者表示，她们在学校接受的气候变化教育，没有让她们做好应对气候变化所带来的挑战的准备，而男性受访者仅有 15%表示未做好准备。

来自小岛屿和最不发达国家的青年尤其需要比当前提供的更多的气候变化教育。21%来自最不发达国家的受访者称，他们没有在学校学习气候变化，来自非最不发达国家的受访者的这一比例为 8%。来自小岛屿国家的青年称，气候变化作为一门单独的学科教授，但与其他受访者相比，他们更多地认为没有基于在学校所学为气候变化做好准备。36%来自小岛屿国家和 41%来自最不发达国家的受访者表示不能基于学校所学为气候变化做好准备。而来自非小岛屿国家和非最不发达国家的比例为 21%。同样地，48%来自小岛屿国家和 39%来自最不发达国家的受访者表示学校不具备这一功能，即不是为气候变化做好准备的地方，而来自非小岛屿国家和非最不发达国家的这一比例为 21%。

三　气候变化教育未来建议

一是应该提升气候变化教育的质量，以使青年能够更深刻地理解气候变化的复杂性和关联性的本质并能采取行动。内容覆盖范围应该扩展到强调社会经济和政治影响以及气候变化的后果等。这应该包括强调人为导致的气候变化、气候变化的历史责任、气候正义、可供选择的经济体系、本土知识和传统、应对自然灾害，建立在人与自然的关系的更新的价值观的基础上，而不是以人为中心。

二是气候变化教育应该是跨学科的，并整合到所有学科的课程中。应该利用正规和非正规教育实践，通过头、心和手并用，涵盖艺术、音乐和当地文化等发展认知的、社会情感的和行为的技能。

三是气候变化教育的目的应该是非常明确的，通过提高他们采取行动并带来社会积极变化的能力，为青年应对气候危机做准备。这涉及行动导向的方法，提供决策制定进程的场地并与当地社区合作，以使青年将所学付诸实践。

四是应该给教师提供丰富的、适合的资源支持，专业化发展的机会和社区行动者的合作以便有信心和激情来赋权学习者去学习气候变化和开展气候行动。

五是学习内容应该是全球的且符合当地实际情况的。在设计优质气候变化教育课程时，青少年跨地区、性别和年龄的体验差距应该得到解决。来自小岛屿和最不发达国家的青少年的需求需要特别关注。

第三节　新时代我国气候变化教育与“双碳”教育实践

2020年，习近平主席在第七十五届联合国大会一般性辩论上宣布，“中国将提高国家自主贡献力度，采取更加有力的政策和措施，二氧化碳排放力争于2030年前达到峰值，努力争取2060年前实现‘碳中和’”①。中国

① 习近平在联合国成立75周年系列高级别会议上的讲话［M］. 北京：人民出版社，2020：10.

“双碳”目标（以下简称“双碳”）的发布，是对全球气候变化做出的承诺，是落实创新驱动绿色低碳高质量发展的主动实践。为落实“双碳”，2022 年 10 月，党的二十大在“中国式现代化”目标建设中进一步明确“积极稳妥推进碳达峰碳中和……有计划分步骤实施碳达峰行动……协同推进降碳、减污、扩绿、增长，推进生态优先、节约集约、绿色低碳发展”[①] 的总体安排，为“双碳”工作绘制明确路线图。学校教育作为“双碳”落实的主要力量之一，具有人才培养的作用。教育部《绿色低碳发展国民教育体系建设实施方案》提出“把绿色低碳发展理念全面融入国民教育体系各个层次和各个领域，培养践行绿色低碳理念、适应绿色低碳社会、引领绿色低碳发展的新一代青少年”的具体要求，“为实现碳达峰碳中和目标做出教育行业的特有贡献”。“双碳”相关政策的频繁出台，强调绿色低碳发展成为学校教育的核心任务，并以“两个阶段目标”、“四项工作原则”和“五项教育融入”引导工作实践，促进“双碳”教育高质量发展。

一　中小学“双碳”教育状况

以首都中小学“绿色学校”创建行动指标进行“双碳”教育的状况分析，中小学校绿色低碳教育仍处于起步阶段，在目标、路径和评价等多个核心指标维度缺乏系统性和规范性设计，亟待突破。具体表现在以下五个方面。

一是“双碳”教育目标定位不准确。“双碳”教育作为绿色学校建设的重要内容，发挥引领作用。在现今学校中，对“双碳”教育价值诉求的多元化设计与多任务叠加，使中小学校“双碳”教育工作处于多头管理、多重任务的混杂状态，造成目标定位不准确，失去教育方向。二是“双碳”认知存有模糊性。“双碳”教育需要建立专业化的知识结构，需要专业性技术的学习和支撑，是实现知行统一的基础，走出简单感知和浅层理解阶段。三是“双碳”行动路径缺乏总体设计。一方面是“双碳”教育缺乏地区整体方案设计，实施过程仅重视知识宣传，缺乏以学生为主体的系统性培养；另一方面是学校缺乏专题教育课程的整体规划，推进计划不健全，不能发

---

① 习近平．高举中国特色社会主义伟大旗帜 为全面建设社会主义现代化国家而团结奋斗——在中国共产党第二十次全国代表大会上的报告［M］．北京：人民出版社，2022：51、50.

挥教育育人的实际功能。四是“双碳”教育重视力度存在不足。在实践活动中，仍有一些教师显露三种“消极”心态：其一是“无用论”，其二是“负担论”，其三是“观望论”，他们认为“双碳”教育偏离学校教育中心工作，远离课堂，是工作负担。五是“双碳”教育成效监测仍有空白。到目前为止，“双碳”教育在很多地区尚未建立教育质量监测体系，缺乏专题性教育评价，工作任务不能准确反映教育实效，亟待教育质量体系的建立与补充。

分析以上问题，主要表现为“四个缺失”：一是缺失对“双碳”政策的深入理解，缺乏对“中国式现代化目标”的全面认知；二是缺失完备的“双碳”目标知识体系和专业性指导；三是缺失健全的绿色学校教育体系和运行机制；四是缺失“双碳”教育的执行力和主动性，亟待加强教育领导力。

二　“双碳”教育模型的基础构建

开发“双碳”教育“E-SGAQ”模型，为破解“双碳”之困，落实“双碳”任务，提升教育领导力建设基础，为地区“双碳”教育整体部署和一体化推进搭建有效路径。“双碳”教育“E-SGAQ”模型（以下简称“E模型”），核心内涵立足教育，核心要素包括理念、目标、行动和素养多个层面，直接推动“双碳”教育行动，为“双碳”机制建设提供保障。中小学校“E模型”如图6-1所示。

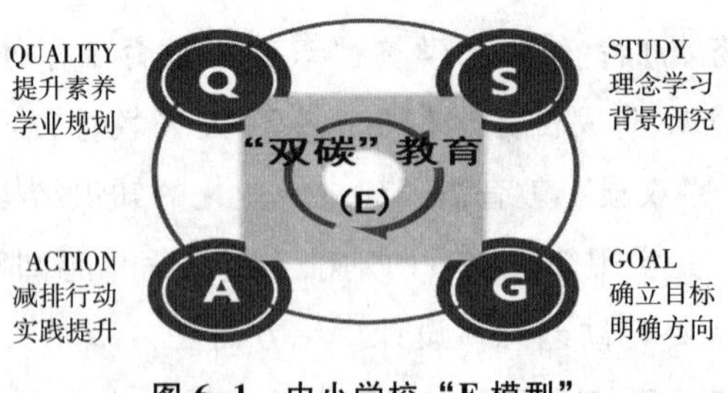

图6-1　中小学校“E模型”

“E”，即education，是指面向“双碳”目标开展的学习实践和行动培养，是促进师生发展的共同活动。“S”，即study，强调对“双碳”目标、政策和理念的学习，突出知识理解和思想认同；强化对全球环境治理状况的理解，提升“双碳”教育的重要性和紧迫性，提升学习认知。“G”，即goal，强调“双碳”教育方向，强调工作目标，推进教育规划与落实。“A”，即action，突出行动策略的教育性和参与性，突出实践平台的建设，鼓励学生参与实践。“Q”，即quality，关注可持续发展素养养成，强化兴趣、认知、态度、行动和价值观的培养，展开学业发展监测。在五项关键指标中，教育是核心，学习是手段，方向是保障，行动是实践，素养培养是目标，五项要素相互联系、互相推动，构建起完整育人体系，促进学生全面培养。

三　“双碳”教育的实践策略

基于项目共同体，开展一致性行动，为破解“双碳”之困提供科学方案。工作中需要加强整体化设计，实施专业性引领，在“E模型”框架中实施“双碳”教育“六步法”，引领学校教育行动。

1. 学习“碳公约”，了解“碳”背景

了解全球碳环境的首要任务是引导学校做好“碳减排”背景研究，认识碳排放成因及其影响。开展“碳公约”学习，包含两个层面。一是全球领域，学习《联合国气候变化框架公约》，学习全球碳减排计划；理解《巴黎协定》对2020年后全球气候变化的整体规划，理解“将21世纪全球平均气温上升幅度控制在2摄氏度以内，并将全球气温上升控制在前工业化时期水平之上1.5摄氏度以内”的重要意义。二是落实中国方案，学习“碳达峰”“碳中和”目标，了解我国碳减排政策，明确“双碳”工作要求。

2. 认知“碳目标”，实现“碳”认同

持续推进《2030年可持续发展议程》17个可持续发展目标的学习，在“经济清洁能源”“工业、技术创新和基础设施发展”“可持续城市与社区建设”“负责任的消费与生产”“气候行动与应对”等领域加大行动力度。贯彻“中国式现代化”目标要求，践行《绿色低碳发展国民教育体系建设实施方案》，制定校园降碳行动路线图，设计知识、行动和反思层面的教育活动，提升无碳思维，形成低碳意识，建立碳库理念，为绿色低碳习惯养成开启实践认同。

3. 学习“碳理念”，制定“碳方案”

全球气候变暖作为人类社会面临的急切问题，“碳减排”成为主要应对措施。引导学生认知“碳减排”理念，理解碳产生的原因、条件和要素，是开展碳减排行动的认知基础。了解学习低碳化技术（CCS 和 CCUS），学习低碳产业、零碳生活等知识，学习日常生活中的碳减排办法，感受碳排放对环境变化的负面影响。积极发挥教育的带动作用，推进校园“碳减排”方案制定，引导学校做好五个层面的工作：知识层面，梳理地球和社会发展史，总结人类社会发展进程，了解经济发展、气候变化和人类生存间的内在关系，提升学生环境认知；政策层面，梳理全球“碳减排”政策与文件，调查我国“碳减排”状况和问题，认识温室气体减排对生产生活的积极影响；目标层面，以 17 个可持续发展目标为指引，制订校园“碳中和”计划，明确碳教育行动任务，提升目标落实力；行动层面，鼓励引领学生发现碳问题，设计碳行动，展开碳研究，促进学生碳汇本领提升；质量监控层面，加大地区“双碳”教育考核机制建设，推进教育活动质量评测体系建设，链接人民满意学校评价指标，激发“双碳”教育活力，提升教育领导力。

4. 展开“碳行动”，实现“碳”养成

指导学生养成低碳习惯，自觉实施减排行动是“双碳”教育的重要任务。“二氧化碳去除技术”作为全球减碳核心技术之一，是贴近学生生活，实现净零排放的重要科技手段。结合学科教学，选择“二氧化碳去除技术”进行综合实践活动设计，展开科学实验，可以拓展学科学习空间，提升学生绿色实践本领。例如，S 区 J 教育集团是首都可持续发展教育特色学校，该教育集团内各学校启动校园“1+4+X”净零教育行动，深化“双碳”教育实践。该教育集团内各学校通过构建“1 个中心”，实施“4 项关键性行动”，进行多学科知识与碳技术的融合，推动了学生参与绿色社会建设。具体内容如下。“1”指构建一个中心，即以培养学生可持续发展素养为核心，践行生态文明建设总体要求，落实国家“碳达峰”“碳中和”目标，确立校园“碳准则”。“4”指实施 4 项关键性行动，包括推进低碳生活行动，引导学生节水、节电、节气及绿色出行等实际行动，培养节约意识；实施绿色消费行动，指导学生构建科学消费观，养成绿色生活习惯，拒绝超规包装、超额消费和非需产品，合理消费，物尽其用；倡导低碳循环行动，推进垃圾分类，提升物品循环性使用效率，减少碳排放；校园碳交易平台建设行动，开发平台系统，设立碳积分规则，制定交易制度，调动学生的积极性，激励减碳行为。“X”是指在碳教育活动中，将学科知识与碳汇技术融合，指导学生开展课题研究，从目标、方法、行动层面提升减碳能力，推动学生核心素养的多维度培养，促进绿色本领养成。

5. 建设“碳基地”，组建“碳联盟”

实现“碳中和”，需要开启全社会教育行动，学校教育承担主要任务。要积极发挥学校教育的辐射作用，加强学校与家庭、与社区、与企事业单位、与政府部门间的联动效应，大手牵小手，小手拉大手，构建行动共同体，实现“双碳”教育的协同共振。北京市石景山区炮厂小学开展天泰山环境保护研究活动，通过构建“生态文明在地课程协作共同体”，强化学校与资源单位和政府部门间的共同责任，重点加强与林业部门、河湖管理所和环保中心的协作关系，提升专业指导力，突出共同培养。此外，可以启动区域“碳减排”教育实验基地建设，以教育部门为主导，争取政府、环保部门的支持与指导，链接学校需求与资源单位的合作关系，打造教育实践空间。例如，建立“自然光导照明实验室”“水资源利用实验室”“垃圾分类与减量工作室”“再生物品及材料运用社团”等，搭建区域实验平台，提升学习参与广度，培养学生低碳意识和减碳本领。

6. 培养“碳素养”，谋划“碳发展”

将可持续发展素养培养作为“双碳”教育的重要目标，实施碳汇能力建设，可以加快“立德树人”教育根本任务落实。“双碳”教育中，把知识学习与素养培养协同起来，在实践中提升，在培养中塑造，突出育人功能。强调学校育人的“四项构建”：首先，构建可持续发展观，关注全球碳危机；其次，构建低碳意识，形成碳减排精神；再次，建立科学精神，落实“碳中和”任务；最后，培养绿色习惯，养成低碳本领。同时，积极落实立德树人教育根本任务，系统推进教育部《加强碳达峰碳中和高等教育人才培养体系建设工作方案》和《“美丽中国，我是行动者”提升公民生态文明意识行动计划（2021—2025年）》，在中小学校强化学生学业发展、生涯教育与职业培养的目标融合，指导学生参与绿色农业、低碳工业、无碳交通等低碳产业研究性学习，培育职业萌芽，开启生涯教育，为生态公民建设奠定人才基础。

历经多年研究实践，首都“双碳”教育成为区域教育高质量发展的实践舞台。“双碳”教育面向中小学校开展了中小学生可持续发展素养的专项调查，从可持续发展关键能力视角检测“双碳”教育成效。结果表明，学生在可持续发展素养上提升趋势显著，学生核心发展指标成长性特点明显。其中，参与绿色社会建设的问题解决能力、系统性学习和思考能力、批判性思维能力、科学规范行为能力等有显著增长，并呈现逐年上升趋势。北京市石景山区开展了中小学“双碳”校园建设的力度监测，“双碳”校园建设突出环境教育，强化了习惯养成，引导学生价值观培养，为学生全面发展搭建实践舞台。调查数据显示，近5年来85%的学生在节水节电、垃圾分类等方面实现良好生活习惯改变，78%的学生在关心与调查周边社区不可持续发展问题并提出创新性解决方案等方面养成可持续生活习惯[1]，“双碳”教育学校建设影响力显著。

面向未来，我们需要强化政策学习，提升“双碳”教育执行力。继续推进联合国可持续发展目标对“双碳”教育的指导，提升生态意识，培养“碳中和”能力，推进“双碳”教育体系的全链条构建；强化学生培养，重点推进校园“碳”文化课程建设，深化课程育人；强化内涵引领，将“双碳”教育融入育人全过程，加速人才培养，为生态文明建设进程奠定基础。“双碳”目标作为国家战略，推动全社会建设和发展。加大学校“双碳”教育力度，落实国家“2030年、2060年”减排目标，强化学校育人功能，为深化“校园—家庭—社会”的一致性行动，拓展生态公民培养提供机遇，为社会生态文明建设和“美丽中国”愿景贡献教育力量。

第四节　气候变化教师教育与学校实践

2018年，联合国教科文组织将“气候变化教育”纳入“可持续发展教育”计划，旨在授予人们有关气候变化的知识，培养学习者在生活中解决气候变化问题的能力[2]，诸如识读日常饮食起居的气候变化、看懂天气预报等气象播报的语言和语境、了解身边气候的季节性改变常识、知晓国内外气象灾害变化及其背后规律、觉察国际气候教育前沿走势等。为此，当今

---

① 马强，张婧．生态文明背景下中小学“双碳”教育：模型构建与实践策略［J］．今日教育，2023（10）：34-37.

② 张国玲．UNESCO积极推动气候变化教育［J］．世界教育信息，2019（02）：71.

气候变化的严峻形势及其教育意义让气候变化教育成为教师教育中的重要内容之一。气候问题与人类的生存与生活息息相关，开展进阶式气候变化教师教育，开展跨学科主题学习活动设计与实践，是新时代气候变化与教育情境所需、所求的教育课题。

跨学科主题学习是当今开展气候教育的全球性教育实践。进入新时代，习近平总书记强调："人与自然是生命共同体，人类必须尊重自然、顺应自然、保护自然。"[①] 受此影响，我国的气候教育得到快速发展。2022 年 4 月，教育部在新修订的义务教育课程方案和课程标准中增加了"跨学科主题学习"板块，且明确规定"原则上，各门课程用不少于 10%的课时设计跨学科主题学习"[②]。对于中小学生来说，气候教育作为一种复杂的教育存在，传统的传授式教学难以调动其学习气候变化知识的积极性，这意味着无法经由传统的教学模式引导学生的气候学习。因此，融入地理学、物理学、环境学等学科基础知识的跨学科主题学习成为现时期国内外气候教育的普遍实践。它强调"参与式"或"体验式"学习方式，尊重学生的主体地位，引导学生将个人行为与反思结合起来思考，让学生在"玩"中学，通过亲身体验解决气候变化的实际问题，因此，开展气候变化教师教育十分紧迫。

自《2030 年可持续发展议程》《全球可持续发展教育行动计划》发布以来，校内外教育的融合性协同共存，引领教师与学生在实现可持续发展方面发挥重要作用。现如今制度化的学校教育教会青少年学生认识一个美好世界，却疏于关注教会其去适应一个真实世界。基础教育学段的学科知识与真实世界之间存在一定的距离，需要校外机构搭建二者融通的"桥梁"。其中，校外机构实施的教育最显著的特质是"引发兴趣、实践体验、个性化教育、跨学科学习"，这是可持续发展人才成长应具备的重要因素，对于开展气候教育具有显著优势。尤其是青少年活动中心、少年宫等区域性的开展青少年学生教育的校外机构，拥有广域的教育资源，融入贴合现实的教育情境，能够为青少年学生开展气候教育相关实践提供适应时需的场所与课程，助力指涉气候变化的跨学科主题学习的发生与发展。教育融

---

① 习近平谈治国理政：第 4 卷［M］. 北京：外文出版社，2022：355.

② 教育部 . 教育部关于印发义务教育课程方案和课程标准（2022 年版）的通知［EB/OL］.（2022 - 04 - 20）［2024 - 02 - 28］. http：//www. moe. gov. cn/srcsite/A26/s8001/202204/t20220420_619921. html.

入生活，培养学生的探究能力与问题解决能力是新版课程标准的核心理念之一。例如，《义务教育地理课程标准（2022年版）》从地理学的特征与性质切入，提出了人地协调观、综合思维、区域认知、地理实践力四个地理学科核心素养，主张通过真实情境问题培养学生理解气候变化的核心素养，引导学生了解世界主要气候类型的分布特征；强调结合实例，阐明纬度位置、海陆分布、地形等对气候的影响以及天气和气候对人们生产生活的影响；等等。气候学习是气候变化教育的关键维度，以主题式的课程设置引导学生了解全球气候变化，让学生全面学习人类地球家园的“天气与气候”，是地理新课标传递的思想之一。

一　气候变化教师教育跨学科主题学习的内容设计

（一）指向差异性学情的进阶式学习活动设计理念

“进阶”的本义是“有差异”“有梯度”“有分层”，着重关涉从“低”向“高”、从“非专业”向“专业”、从“未成熟”向“成熟”等阶梯式的渐进式发展与提升。“进阶式学习”是基于学生的认知水平和知识经验，科学安排学习进阶。一是学习内容由浅入深、由表及里、由易到难；二是学习活动从简单到综合，重视幼小衔接以及义务教育与高中教育的衔接、校内教育与校外教育的衔接。这主要是根据年级递增而逐步激发学生内在习作动机，孕育学习激情，实现生活化学习的梯度分类与分层。[①] 教师需要将学习内容和学习活动有机整合，规划适合不同学段、螺旋上升的课程目标和课程内容，设计适合不同学段的探究和实践活动，形成有序递进的课程结构，是教师引导学生开展学习活动的关键步骤。因此，进阶式学习活动设计成为学生差异化培养的重要载体，而课程设置是学生学习活动展开的聚焦点和落脚点，进阶式气候变化跨学科主题学习活动的开展要针对不同学段的学情，开展进阶式气候变化主题课程设置，助力不同学段学生核心素养培育目标实现。

① 任婷婷．例谈小学进阶式情趣习作教学的实施策略［J］．福建教育学院学报，2020（02）：72-73.

（二）应对多元性气候学习内容的跨学科主题设计

气候变化是复杂的，涉及的内容是多元的，涵括地理、科技、经济、政治等综合性的主题域，指向气候教育目标的实现需要培养与发展青少年学生学习能力、应变能力、科学评估能力、创新能力、自我意识能力、社会服务能力等（见表6-3），进而使其理解和掌握气候学习的关键技能，提高对所生活社会气候的了解。显然，青少年学生气候学习的综合能力培育无法通过单一学科实现，走向跨学科是一种必然结果。因此，当气候变化成为一种学习对象，多元性气候学习内容的存在决定了学生学习内容不可能局限在单一领域的单一主题，开展跨学科主题设计是推动学生应对气候学习内容多元性的必然选择。

表6-3　青少年学生气候学习的综合能力

能力维度	要素内容
学习能力	了解气候相关基本概念和基础知识，了解全球气候系统和本国气候分布及特点，了解温室效应、碳排放、极端天气等与气候相关的知识
应变能力	积极应对气候变化，灵活运用气候和生活生产之间的关联，对灾害性天气、极端天气等进行提前的预测和预防，提高在不同天气情况下的后续生活生产中的处理能力
科学评估能力	理性判断及有效传播气候变化正确的信息，反思自身在气候变化中的角色，采取恰当的行为来改善气候
创新能力	善于发现生活中与气候相关的问题并通过调查或模型制作等方式进行实验探究
自我意识能力	提升气候保护意识，规范自身行为，投身气候变化
社会服务能力	利用自身所学气候知识和实践行动，引领学生真正参与气候变化

跨学科主题学习是以某一研究问题为核心，以某一学科课程内容为主干，运用并整合其他课程的相关知识和方法，引导学生开展综合学习活动，而这也是打破学科边界、强化课程协同育人的必要手段，是帮助学生形成深层知识理解的必要环节。[①] 为了应对多元性气候学习内容，教师引导学生开展进阶式气候变化跨学科主题学习，气候变化课程的内容设置和表现形

① 孟璨．跨学科主题学习的何为与可为［J］．基础教育课程，2022（11）：4-9.

式充分考虑各学段学生的学习特点，科学呈现应对气候变化的基本知识，对课程进行统筹规划，形成具有连贯性、一体化的知识学习和核心素养培养的主题课程（见表6-4）。同时，以实践为导向，强调经验与社会生活，通过创设多种情境激发学生的学习兴趣。

表6-4　气候变化教师教育一体化设计

学段分布	主题课程
幼儿园阶段	用绘本的形式，根据孩子好奇、好问、乐于探索的天性，通过研究日常生活中的点滴现象，探索气候变化背后的原因
小学阶段	防灾减灾、节能减排。通过向学生解析灾害性天气的定义、影响、防御措施，探究在实际生活中应对各种灾害天气的方法。通过丰富的事例来直观地告诉学生气候变化对人类造成的影响不容乐观，气候灾害就在身边。号召学生通过节能减排、通过组织绿色创意活动等方式做力所能及的事情，号召大家行动起来共同应对气候变化
初中阶段	普及一些基础的气候知识，希望学生能将所学的气候变化应对知识付诸实践，在实践的过程中进一步思考或实验。挑选讲授一些与气候相关的知识，以此开拓学生在气候领域的视野。同时还可以举出目前在气候方面较有争议的问题，组织讨论，引发学生对气候变化的状况的深入思考

二　气候变化教师教育的实践策略

（一）培养问题意识

在真实的教育情境中，学生的学习主要针对具体而微的问题展开，泛泛的学习无法让学生有所收获。因此，气候变化跨学科主题学习实践的第二步是“确定问题”，教师引导学生知晓对具体主题进行气候变化学习时针对什么问题、解决什么问题抑或可能遭遇什么问题，即在学生对课程学习有了一定的意识层面的了解之后，可以开始思考如何确定需要面对的问题。“校园里的雨水回收”这一课，老师明确指出学习“雨水回收”，学生要面对的问题有两个：一是通过对图片资料的分析了解校园中雨水回收利用方式，二是通过微课学习、小组探究活动体验和理解虹吸现象的雨水回收。这两个问题的提出，让学生明晰在这一课的学习中“我要干什么”，意在通过“确定问题”引导学生知道如何收集有关气候和天气的信息，面对气候变化问题时做出合理而负责任的学习决策。对于教师来讲，“有意识”才能

“有作为”、才能“有收获”。无论是哪一个学段或者阶段，“树立意识”都是气候变化跨学科主题学习实践的首要步骤。因此，“六步法”的第一步即以学生“参与、学习、分享、成长”为基本策略，鼓励学生不断学习，重视生态文明价值观的培养。比如，在“校园里的雨水回收”课程授受过程中，老师着重通过数据和图片阅读分析，让学生知悉我国雨水分布区域不均的客观现实以及缺水的严重后果，增强学生节约用水、保护水资源的意识。在此基础上，深化学生在教育生活中对于校园内屡见不鲜的“雨水”进行“回收”的意义理解，引导学生在思想上接纳气候变化跨学科主题学习的主题设计以及课程设置的基本构想。

（二）制订学习计划，整合学习资源

学生在确定了课程学习的“意识”与“问题”之后，对于学习对象本身及其意义就形成了基本认知，随后就可以制订更为具体的学习行动计划，思考实现学习目标的具体方法。完整的行动计划应包括成立行动小组、明确角色分工、给每个人平等参与的机会、设计具体的行动任务时间表与预期可完成的成果等。比如，在“校园里的雨水回收”这一课中，老师与学生合作制订计划时，通过运用 SWOT 分析模型，分别从开展本次学习活动的优势、弱势、机会和威胁四方面入手进行计划制订。其中，优势和弱势分别指目前开展行动所拥有的资源和实施过程中所匮乏的资源，机会和危胁则分别是本次行动中可能会得到的支持和可能面临的阻碍。以此为基础，制订贴合现实需要与情境的“学习实践计划”，整全性呈现学习实践发生与发展的全域情境。

进阶式气候变化跨学科主题学习活动的实施需要寻求多方资源的合作、支持和资助，需要加强校内外联系为学生的有效学习提供资源支持。一方面可以寻求教育行政管理部门的支持，扩大影响面；另一方面可以寻求大学、科研机构、企业和环保组织的大力协助。还应全面增加学生课外实践的学习资源，支持学生开展一些有创意、延续性好、参与性强、主题突出的系列活动。比如，“雨水回收”作为一件细微的校园事件，物理操作可以由老师与学生协作完成，但是其背后蕴含的科学道理的诠释不能由老师独自承担。因此，在老师的指导下学生基于自身的生活环境开展渗透式、主题式、体验式的学习，随后引入青少年活动中心有关专业人员以“开讲座”

的形式讲解“虹吸现象”及其蕴含的相关物理学等知识。在此基础上，既发挥学校主体的专业引导优势，也引入校外机构辅助学校育人，校内外教育协同进行资源供给，保障进阶式气候变化跨学科主题学习实践的完成。

（三）社会参与行动

气候变化跨学科主题学习实践需要学生有意识、课例有问题、学习有计划、课程实施有资源，在四者均满足的主题课程实施过程中，老师多采用“启发式”“讨论式”“探索式”“引导式”“情境式”“行动指向式”等教学方式。比如，在讲授与校园生活相关的“雨水回收”事例时，老师旁征博引，讲述鲜明生动，注重从学生日常可见的校园生活中择取事例举证，以此来提高学生对于气候学习的积极性与专注度。在讲解过程中，老师语言清楚、科学、生动，启发提问及时恰当，适当增加实验体验的教学内容，当堂设计实验，当堂实施实验，当堂进行实验结果分析与讨论，以此提高学生的实验操作能力。同时，为了进一步巩固学生的学科核心素养培育，可以将学生学习实践引入综合实践活动课程，甚至以学生参与带动家庭和社会共同参与特定主题的气候学习实践过程。

气候学习是复杂的教育事项，抓住学生暴露的问题、利用或制造学生的困惑、解决新问题迁移应用等环节进行交流讨论，强化学生学习的回顾反思意识，进而提高学生的学习效率，是学生进行气候学习的重要步骤①，对于学习活动的“回顾反思”是总结学习全过程效率与效益、优化学习过程的重要举措。因此，为了实现学生关于气候变化跨学科主题学习实践效果的价值最大化，课程学习结束后，老师要组织学生反思和回顾当初设置的行动目标、过程和实施方法，组织学生在校内和校外平台上分享课程学习的成果和经验教训，讨论下一次更为合适的学习实践策略与措施。还可以将本次学习活动的内容与学科教学相结合，创新后续的课程学习内容和形式，进而通过进阶式气候变化跨学科主题学习活动课程体系的构建，培养青少年学生的科学态度和科学行为素养。比如，“校园里的雨水回收”这一课，课程结束之后老师要求学生对于学习实践进行回顾与反思，交流分

---

① 黄成玉．强化学生反思 提高学习效率——以《气候》习题讲评课为例［J］．教学月刊·中学版（教学参考），2018（Z2）：64-68.

享和评价学习成果，让学生明确学习过程的利弊得失，引导学生体会成功，增加信心与成就感，培养学生理性思维、勤于反思、自我管理的学习意识、学习能力和学习习惯，进而塑造诊视学习、敬畏科学的态度和行为。因此，“回顾反思”既是气候变化跨学科主题学习实践的最后一步，也是拔高学生气候学习成效，赋能学生未来气候学习实践的关键一步。

三　气候变化学校实践案例：上海市普陀区恒德小学实践与创新

上海市普陀区恒德小学，创建于 1998 年 8 月，是一所在全国颇有影响力的可持续发展教育特色学校。该学校坚持“为每一个学生的生命成长奠基”的办学使命和“自主学习、和谐发展、奠基人生”的办学理念。学校落实联合国可持续发展目标中的气候变化目标，逐步形成以“气象—气候—生态”为主线的可持续发展教育特色。

（一）持之以恒开展气象节文化课程活动

应对气候变化既要减缓，又要适应，实质上就是要降低气候风险，保障气候安全，实现经济社会可持续发展。学校以“3・23 世界气象日”为契机，2007 年召开了以“关注气象、关注生活”为主题的首届恒德小学校园气象节。自此，拉开了校园气象节的序幕，至今已连续举办了 15 届，学生参与率达 100%，已然成为普陀区乃至上海市、全国的气象科普教育的一大亮点。该学校坚持每年“亮出一个特色”：“气象 365”游戏棋、“游神州、迎奥运”气象环保游戏棋、“观世博、学气象”游戏棋、碳锁者游戏棋、气象达人秀、智慧校园中的智慧气象专栏等，不断推出新的气候变化科普教育项目，引领学校可持续发展。

（二）开展气候变化教育专题研究

学校围绕课程开发与实践、活动的策划与组织、社团的机制与形态等专题，开展项目研究。目前已经完成的课题研究有《基于可持续发展的气象科普创新课程的实践探索》《基于可持续发展的气象科普创新课程开发》《小学生气象防灾减灾教育的实践探索》《基于创新实验室的小学生气象创新教育模式实践与探索》等市级、区级课题，承担中德环境教育项目中模块二——“气候变化”的案例撰写。

（三）系统构建气候变化教育课程体系

在气象校本课程研发过程中，不断总结经验，由气象出版社出版的《“气象与生活”校本拓展型课程》《小学气象探究课》《适应变化的气候——小学生应对气候变化行动》《气候变化——生活中的节能减排》组成了应对气候变化创新实践系列图书，为学生理解气象科学的内涵提供了通俗易懂的普及性知识。《小学气象探究课》荣获第九届全国优秀气象科普作品图书类一等奖。

（四）利用社会资源设计应对气候变化实践活动

利用社会资源、设计相关的主题来开展，如以“绿色志愿者行动”“全球气候大变化，气象谚语小探究”“停车怠速请熄火”“气候危机我好怕”“新能源学校设计”为主题的气候影响力行动。相关活动曾获得“全国1+6行动特等奖”“环境教育先锋奖”，《博物》、搜狐公益网站刊登了活动情况，“全球气候大变化，气象谚语小探究”获得上海市创新大赛科普活动方案一等奖，更有“我是绿色‘小河长’科技实践活动”荣获第三十三届上海市青少年科技创新大赛特等奖。

（五）分层开展节能减排社团活动

学校组建各种学生环保社团开展得有声有色，生态观念深入人心，环保实践呈现可持续发展态势。例如，气象科普社团组织开展普及型知识的活动，组织气象科普进社区活动，特别是气象防灾减灾宣传活动。海绵社团则依托学校建设的海绵校园工程，开展海绵城市知识的学习，开展知水、节水、护水活动。秸秆蘑菇社团依托学校秸秆蘑菇棚，开展蘑菇种植，观察记录蘑菇生长情况；探究利用校园的枯树烂叶进行堆肥，减少秋天的落叶垃圾，节能减排。清洁能源社团结合学校光伏发电系统，观察记录每天的发电量，同时和气象观测结合起来，分析每天发电量不同的原因；学习各种清洁能源的使用，开展绘画、征文、小制作活动。垃圾减量社团成员每月选择一个减量主题，比如减少餐余垃圾、减少废纸的产生、减少废水的产生等主题，有针对性地通过开展宣传、呼吁、改建、发明等措施，达到减少浪费、降低排放的目的。恒德小学作为“长三角教师培训课程开发机制研究的基地学校”，深入开发小学“气候变化与环境保护”课程，探索更多更好的活动载体，多次荣获“国际生态”绿旗学校称号，先后获得“联合国教科文组织可持续发展教育 ESD 项目国家实验学校”“全国节能减排与可持续发展社会行动项目示范学校”“中国中小学气候教育变化行动学校”“全国气象科普教育基地——示范校园气象站”“上海市节水型示范学校”等荣誉称号。

气候变化已经成为引起全世界关注的全球性议题，通过气候变化教师教育引导青少年学生开展气候学习是让学生更好地融入社会、融入世界的关键举措。气候变化涉及的学科门类、知识领域有多种，为了有效提升学生适应气候变化、了解气候变化的综合能力，让学生个性特长得以发展，要兼顾学生的全员性和差异性，从知识学习、技能实践到思维提升、能力提升。

结　语

2021 年 11 月召开的第四十一届联合国教科文组织大会发布“教育的未来”倡议。作为“教育的未来”倡议的背景资料，联合国教科文组织专家研究发布《学会融入世界：为了未来生存的教育》报告，提出 2050 年七个方面的教育宣言。宣言呼吁，教育必须发挥关键作用，从根本上改变人类在世界中的地位和作用，从了解世界到采取行动，再到与周围的世界融为一体，实现教育范式的根本转变。未来的生存取决于我们实现这一转变的能力。内容及核心特点如表 6-5 所示。

表 6-5　《学会融入世界：为了未来生存的教育》2050 年七个方面的教育宣言内容及核心特点

序号	内容	核心特点
1	教育与人文主义之间的关系被批判性地重新评估与调整	促进生态正义；承认所有地球生命、实体和力量的集体能动性和相互依存性
2	人类根植于生态系统之中的观念将深入人心	在消除了自然科学和社会科学间的学科界限之后，以一种全面的生态意识来实践教育
3	我们已经不再使用教育作为传播人类例外论的工具。我们在超越人类、集体和关联的能动性概念指导下开展教学工作	对超越人类、集体和关联的能动性的认识不断加深

续表

序号	内容	核心特点
4	抛弃了教育的人类发展框架，不再拥护个人主义，而是培养集体的性格和乐于助人、善解人意的人际关系及超越人际的关系	把教育从无限经济增长和人类发展的双重逻辑中脱钩，重新整合到生态生存的逻辑中；围绕相互依存和相互联系的原则重新调整了教育，使每个人和每件事都成为地球生态社区的一部分
5	我们已经重新认识到我们生活和学习的世界。我们的教育学不再把“外面”的世界作为学习的对象。学会与世界融为一体既是一种情境实践，也是一种超越人类的教学合作	情境教学法
6	重新分配了教育的任务，赋予它一种宇宙论的使命。教育远远超出了主张普遍主义和以人类为中心的人文主义、人道主义和人权观点	将教育空间转变为“一个正在形成的多元宇宙”
7	为未来生存的教育目标已经引导我们在这个被破坏的地球上优先考虑集体恢复伦理	教育的目标从人文主义宪章转变为生态正义的一种；是集体的、超越人类的、具有恢复性的模式

“人类世”不仅预示着对人类生存的威胁，而且也证实了人类和自然的历史、命运和未来密不可分。面对未来，我们需要一系列相互关联的转变：从倡导人文主义到践行生态意识；从争取社会正义到争取生态正义；从认识作为社会的人到认识作为生态的人；从坚持专属的人类能动性到认识到并非只有人类具有能动性；从鼓励个人发展到培养集体性格；从把教与学理解为人类独有的活动到把接近世界关系理解为内在的教育；从教学生（作为主体）认识世界（作为客体）到在我们共同的世界中与他者学习；从采用普遍的立场与标准到考虑多元的视角；从倡导人类的世界主义到理解超越人类的宇宙论；从培养人类的环境管理到参与超越人类的集体修复伦理；从学习如何更好地管理、控制或拯救世界，到学习如何融入这个世界。

面向未来，面对层出不穷的新领域、新观点、新思维与新工具，终身学习是未来教师唯一不变的属性，教师从关注教转向关注学，从关注知识的回忆与再现、技能与概念，到培养学生面对问题、解决问题的综合能力，再到关注学生核心素养的培养。未来教师更像学习的设计师，构建多样化的丰富课程，设计学习过程，定义学习目标，开启核心问题与内容，激发学习者的内驱力，引导一个个学习任务与活动，在过程中识别学习的状态，评价学习的过程。教师需要和学生一起在虚实之间，观察世界、认知世界与创造世界，这种新的融合也正在模糊虚拟与现实的界限，创造出全新的学习体验。面向未来，学校要把数字技术作为教育教学的创新要素和变革因子，建设以学习者为中心的新型教育环境，促进教学流程再造、课程体系重构、评价方式转型和管理模式变革，推动学校教育从“批量生产”模式走向“私人定制”模式，让每一个学生都能享受到量身定制的教育服务。

新时代生态文明建设要从娃娃抓起，通过生动活泼的劳动体验课程，让孩子亲自动手、亲身体验、自我感悟，让“绿水青山就是金山银山”的理念早早植入孩子的心田，生态文明教育要突出持续性、实践性与主体性，为实现中国式教育现代化奠定牢固根基。同时，学校作为生态文明教育的主阵地，需要与家庭、社会携手共育，形成多方利益共同体参与，共同努力。

参考文献

中文文献

包万平，路璐．我国生态文明教育的历史变迁及未来展望［J］．宿州教育学院学报，2022（02）．

边培瑞．后疫情时代生态公民的培育［J］．黑龙江生态工程职业学院学报，2021（01）．

曹菁．新媒体环境下高校生态文明教育途径探究［J］．新乡学院学报，2020（08）．

陈丽鸿．中国生态文明教育理论与实践［M］．北京：中央编译出版社，2019．

程军栋．生态文明教育视域下的高校思政教育实践和创新［J］．环境工程，2022（01）．

邓晖．教育系统：奋力开创教育高质量发展新局面［N］．光明日报，2020-11-8（02）．

董伊苇．爱尔兰发布《2030国家可持续发展教育战略》［J］．小学教学（数学版），2022（12）．

董兆华．浅议人的全面发展和生态文明教育［J］．江西社会科学，2002（02）．

杜昌建．我国生态文明教育体制建构的整体性思考［J］．中学政治教学参考，2019（03）．

杜威．民主主义与教育［M］．王承绪，译．北京：人民教育出版社，2001．

杜越．联合国教科文组织与全球教育治理——理念与实践探究［M］．北京：教育科学出版社，2016．

关成华，陈超凡，等．可持续发展教育：理论、实践与评估［M］．北京：教育科学出版社，2022.

关于保护和改善环境的若干规定（试行草案）［J］．工业用水与废水，1974（02）.

韩民．可持续发展教育的趋势及其启示［J］．世界教育信息，2015（05）.

何齐宗，张德彭．我国生态教育研究的回顾与前瞻［J］．中国教育科学（中英文），2022（05）.

何齐宗．联合国教科文组织教育文献研究：教育理念的视角［M］．北京：人民出版社，2020.

胡晓华．打造区域生态文明教育可持续发展新形态［J］．辽宁教育，2023（04）.

黄成玉．强化学生反思 提高学习效率——以《气候》习题讲评课为例［J］．教学月刊·中学版（教学参考），2018（Z2）.

蒋笃君，田慧．我国生态文明教育的内涵、现状与创新［J］．学习与探索，2021（01）.

李波，于水．生态公民：生态文明建设的社会基础［J］．西南民族大学学报（人文社会科学版），2018（03）.

李慧芳．马克思主义生态观视域下公民生态意识的再审视［J］．河南工学院学报，2021（05）.

李璟．生态公民及其法律信仰的培育［J］．重庆电子工程职业学院学报，2018（05）.

联合国教科文组织召开世界可持续发展教育大会［J］．世界教育信息，2009（7）.

梁小雨．联合国推出“可持续发展始于教师”在线课程［J］．上海教育，2022（02）.

林崇德．21世纪学生发展核心素养研究［M］．北京：北京师范大学出版社，2016.

林春腾．对我国中小学环境教育的反思［J］．环境教育，2003（03）.

刘贵华，岳伟．论教育在生态文明建设中的基础性作用［J］．教育研究，2013（12）.

刘经纬．生态文明教育与中国可持续发展研究［J］．中国科技信息，2005（01）．

刘利民．推进可持续发展教育 提高教育质量［M］．北京：教育科学出版社，2011．

刘志芳．我国生态教育研究：回顾、反思与展望［J］．教学研究，2020（04）．

吕湘湘．试论习近平生态文明思想的形成及当代教育启示［J］．改革与开放，2020（12）．

马强，张婧．从“人类命运共同体”的视角看生态文明教育实施［J］．环境教育，2020（08）．

马强，张婧．生态文明教育视域下西山永定河文化课程构建［J］．环境教育，2021（06）．

孟璨．跨学科主题学习的何为与可为［J］．基础教育课程，2022（11）．

农春仕．公民生态道德的内涵、养成及其培育路径［J］．江苏大学学报（社会科学版），2020（06）．

彭妮娅，安黎哲．我国生态教育的发展与展望［J］．北京林业大学学报（社会科学版），2020（02）．

任婷婷．例谈小学进阶式情趣习作教学的实施策略［J］．福建教育学院学报，2020（02）．

申秀英．服务“绿色湖南”，建设“美丽中国”——湖南省环境教育与可持续发展研究基地探索与实践［J］．环境教育，2021（12）．

沈明霞．从《绿色情商》看生态公民培育［J］．当代继续教育，2014（05）．

沈欣忆，张婧，吴健伟，王巧玲．新时期学生生态文明素养培育现状和发展对策研究——以首都中小学学生为例［J］．中国电化教育，2020（06）．

史枫，张婧．新时期生态学习社区：概念内涵、特色构建与推进方略［J］．职教论坛，2020（06）．

史根东，张婧，王鹏．塑造面向可持续发展的教育——联合国教科文组织世界可持续发展教育大会综述［J］．世界教育信息，2015（06）．

史根东．促进可持续发展：新世纪教育的重要使命［J］．教育研究，2005（08）．

史根东．后疫情时代的教育重建［J］．可持续发展经济导刊，2020（08）．

史根东．加快推进生态文明与可持续发展教育——文明变迁呼唤教育创新［J］．可持续发展经济导刊，2021（Z1）．

史根东．可持续发展教育：终身学习体系建设的时代主题［J］．北京宣武红旗业余大学学报，2021（01）．

史根东．可持续发展教育的理论研究与实践探索［J］．教育研究，2003（12）．

史根东．推动中国可持续发展教育，培养新时代需要的人才［J］．可持续发展经济导刊，2019（Z2）．

史根东．为美丽中国奠基：生态文明-可持续发展教育的涵义解读与素养分解［J］．可持续发展经济导刊，2021（Z2）．

市瀬智纪．日本可持续发展教育实践和教育质量［J］．世界教育信息，2015（05）．

斯德哥尔摩人类环境宣言［J］．世界环境，1983（01）．

孙叶林，周国文．环境教育视野下的生态公民培育［J］．中华环境，2019（08）．

滕珺，胡佳怡，李敏．国际课程在中国：发展现状、认知维度及价值分析［J］．比较教育研究，2016（12）．

田慧生．落实立德树人任务 教育部颁布义务教育课程方案和课程标准（2022年版）［J］．基础教育课程，2022（09）．

田青，等．环境教育与可持续发展教育联合国会议文件汇编［M］．北京：中国环境科学出版社，2011．

UNESCO．反思教育：向“全球共同利益”的理念转变［M］．北京：教育科学出版社，2017．

汪明杰．生态危机时代的学习范式转换［J］．世界教育信息，2019（02）．

汪旭，岳伟．深层生态文明教育的价值理念及其实现［J］．教育研究与实验，2021（03）．

王策三．教学认识论（修订本）［M］．北京：北京师范大学出版社，2002．

王烽．融合共生：学校与社会关系的未来［J］．中小学管理，2022（12）．

王烽．推进区域教育可持续发展的理念、路径和策略［J］．中小学管理，2020（07）．

王慧．基于U型理论的MOOC4.0下学习场域的构建［J］．玉林师范学院学报，2020（04）．

王良平．加强生态文明教育，把环境教育引向深入［J］．广州师院学报（社会科学版），1998（01）．

王鹏．北美地区可持续发展教育的特点及启示——以加拿大安大略省和美国印第安纳州为例［J］．世界教育信息，2019（02）．

王鹏．生态文明背景下节约型中小学校建设的推进策略［J］．中国德育，2015（17）．

王鹏．中小学生态文明教育的目标和方法［J］．教育视界，2019（11）．

王巧玲，王鹏，赵志磊．可持续学习课堂：质量特征与课例分析［M］．北京：北京科学技术出版社，2020．

王巧玲，徐焰华，傅继军．整体论视域下生态文明教育的融合模式与实现策略——基于“学—教—评”一体化实践探索［J］．教育科学研究，2022（03）．

王巧玲，张婧，史根东．联合国教科文组织世界可持续发展教育大会召开——重塑教育使命：为地球学习，为可持续发展行动［J］．上海教育，2021（24）．

王巧玲，李元平．中国可持续发展教育的理论特征与实践意义［J］．教育理论与实践，2011（28）．

王巧玲．可持续发展教育的全球趋势［J］．上海教育，2018（32）．

王巧玲．可持续发展教育的有效推进——中国可持续发展教育项目特色评述［J］．北京师范大学学报（社会科学版），2007（06）．

王咸娟．可持续发展教育在芬兰基础教育中的实施途径［J］．环境教育，2020（09）．

王晓燕．新时代生态文明教育的逻辑与进路［J］．思想理论教育导刊，2020（09）．

谢春风．目标衔接是一体化德育体系建设的“活的灵魂”［J］．北京教育（普教版），2022（07）.

谢益梅．论新时代生态文明教育理论与实践演进［J］．成才，2022（07）.

徐新容，王咸娟．首都青少年可持续生活方式现状调查及分析［J］．人民教育，2019（24）.

徐新容，张婧．教师生态文明素养提升的时代诉求与实践路径［J］．环境教育，2021（10）.

徐新容．加拿大中小学环境教育的经验和启示［J］．教育研究，2018（06）.

徐新容．理科教学推进可持续发展教育的策略思考［J］．上海教育科研，2018（08）.

许元元．论深层生态学的生态文明教育意蕴及其实现［J］．鄱阳湖学刊，2022（06）.

杨明全，等．学校课程建设与综合化实施基于北京市中小学的实践与探索［M］．北京：北京师范大学出版社，2021.

杨清．"双减"背景下中小学作业改进研究［J］．中国教育学刊，2021（12）.

杨尊伟．面向2030可持续发展教育目标与中国行动策略［J］．全球教育展望，2019（06）.

于慧颖．环境保护 教育为本——全国环境教育工作会议在江苏召开［J］．学科教育，1993（01）.

于家鹏．生态文明教育视域下的高校思政教育实践和创新［J］．环境工程，2022（03）.

虞晓骏．公共性：社会教育融入社会治理的价值向度［J］．职教论坛，2018（11）.

原珂，赵建玲．"五社"联动助力基层社会治理共同体建设［J］．河南社会科学，2022（04）.

苑大勇，王煦．从国际理念到本土实践：可持续发展教育的"日本模式"解析［J］．比较教育研究，2023（02）.

岳伟，陈俊源．环境与生态文明教育的中国实践与未来展望［J］．湖南师范大学教育科学学报，2022（02）.

岳伟，古江波. 公民生态文明素养亟需全面提升——基于当前重大疫情的反思 [J]. 教育研究与实验，2020 (02).

岳伟，李琰. 生态文明教育亟须立法保障 [J]. 教育科学研究，2021 (02).

岳伟. 学会融入世界：教育的未来转向与使命 [J]. 齐鲁学刊，2022 (03).

曾晨. 生态公民本土化养成研究 [D]. 南京理工大学，2018.

张聪丛，王娟，徐晓林，刘旭. 社区信息化治理形态研究——从数字社区到智慧社区 [J]. 现代情报，2019 (05).

张芬. 生态公民的时代内涵及其培育研究 [J]. 现代交际，2020 (06).

张国玲. UNESCO 积极推动气候变化教育 [J]. 世界教育信息，2019 (02).

张亦弛. 新加坡：在学校持续推进可持续发展教育 [J]. 人民教育，2021 (09).

张卓玉. 2017 版普通高中课程方案与课程标准实施建议 [J]. 人民教育，2018 (Z1).

赵婷. 适应气候变化，教育在行动 英国出台《可持续发展与气候变化教育战略》[J]. 上海教育，2022 (32).

周徐徐. 社区教育"人文行走"实施的现状与策略研究 [D]. 上海师范大学，2021.

祝刚，丹尼斯·舍利. "第四条道路"关照下的教育领导变革与教师专业发展：理论进路与实践样态——祝刚与丹尼斯·舍利教授的对话与反思 [J]. 华东师范大学学报（教育科学版），2022 (02).

祝怀新. 国际环境教育发展概观 [J]. 比较教育研究，1994 (03).

邹时炎. 深化教育改革 加强环境教育——在全国环境教育工作会议上的讲话 [J]. 课程·教材·教法，1993 (01).

邹伟. 凸显区域生态特色，打造绿色阳光教育——上海市青浦区淀山湖小学生态文明教育纪实 [J]. 环境教育，2021 (09).

英文文献

Craig C. J., Ross V., Conle C., Richardson V.. Cultivating the Image of

Teachers as Curriculum Makers [M]. //Connelly F. M., He M. F., Phillion J.. The Sage Handbook of Curriculum and Instruction. Los Angeles, CA: SAGE, 2008.

Hargreaves A., Shirley D. L.. The Fourth Way: The Inspiring Future for Dducational Change [M]. Thousand Oaks, CA: Corwin Press, 2009.

Hargreaves A., Shirley D.. Leading from the Middle: Its Nature, Origins and Importance [J]. Journal of Professional Capital and Community, 2020, 5 (1).

McCormick K., Muhlhauser E., Norden B., Hansson L., Foung C., Arnfalk P., Karlsson M., Pigretti D.. Education Forsustainable Development and the Young Masters Program [J]. Journal of Cleaner Production, 2005, 13 (10-11).

Rychen D. S.. Key Competencies: Meeting Important Challenges in Life [M]. //Rychen D. S., Salganik L. H.. Key Competencies for a Successful Life and Well-functioning Society. Cambridge, MA, Hogrefe and Huber, 2003.

Scharmer O., Käufer K.. Leading from the Emerging Future: From Ego-system to Eco-system Economies (1st ed.) [M]. San Francisco: Berrett-Koehler, 2013.

Scharmer O.. Theory U: Leading from the Emerging Future. A BK Business Book (2nd ed.) [M]. San Francisco: Berrett-Koehler, 2016 [2007].

Smith G., Sobel D.. Place-and Community-based Education in Schools [M]. London: Routledge, 2010.

The Salzburg Global Seminar. The Salzburg Statement for Greening School Grounds & Outdoor Learning [Z], 2022.

后 记

《新时代生态文明教育研究》一书是我在 2022 年主持的北京市教育科学规划优先关注课题“新时代生态文明教育的发展趋势研究”（课题号：BJEA22020）的研究成果。该项成果得益于多年来北京教育科学研究院团队扎根首都大地、与各区密切合作开展生态文明与可持续发展教育研究与实践，课题研究过程中，我们遇到了诸多困难，付出了诸多艰辛，也收获了诸多惊喜与感动。同时，有诸多的领导、师长与朋友应该感谢。

首先衷心感谢我的专业发展的引路人——联合国教科文组织中国可持续发展教育项目执行主任、北京教育科学研究院德高望重的史根东研究员，史博士从事可持续发展教育近 30 年，老骥伏枥，对我们青年一代谆谆教导，我铭记于心。衷心感谢北京教育科学研究院董竹娟书记、冯洪荣院长、刘占军副院长、钟祖荣副院长、熊红副院长、张熙副院长等领导对我的支持与鼓励，感谢规划办的姜丽萍主任、王彬老师、杨蓓老师，感谢科合处的张婷婷处长、周京同老师、戴晶婧老师一直以来的支持与帮助。

感谢终身学习与可持续发展教育研究所史枫所长、王巧玲博士、马莉老师、苟海宁老师等生态文明教育团队在平时实践工作中对我的启发，感谢我的同事们，赵志磊老师、沈欣忆博士、桂敏博士、邢贞良博士、林世员博士等的帮助与启发碰撞，同时也感谢北京可持续发展教育协会团队段铠祎老师、周娟博士对本书所付出的努力。

衷心感谢我的课题组成员，北京教育科学研究院生态文明团队的徐新容老师、王鹏老师、王咸娟老师，邢台学院的尹雨晴副教授，北京教育学院石景山分院的马强老师，北京东城区教育科学研究院的朱竹老师，北京汇文中学的李劲红老师，北京四中的菅晓玲老师，等等，大家在项目研究过程中分工合作，扎实高效地完成了各项研究任务。

感谢北京外国语大学苑大勇博士、中国福利会少年宫戴剑老师、石景山区炮厂小学邢东燕校长、北京市第九中学王楠副校长、河北科技工程职业技术大学郭俊朝副教授、海淀区翠微小学王莉老师、首师大附属苹果园中学张文彬老师，感谢首都师范大学博士生王智嵘，伦敦大学学院孙晓丹，南京师范大学博士生吕奕静，浙江师范大学博士生张雨洁，北京外国语大学研究生杨晓坤、刘波林，他们对本书也给予了热情的帮助与支持。

最后特别感谢社会科学文献出版社曹义恒、岳梦夏、胡金鑫等，编辑老师们的严谨与敬业精神深深地感动着我。同时也要感谢我的家人给予我的大力支持，我的先生邹治平博士与女儿邹宜芳给了我诸多的关怀与鼓励，让我有更多的动力深入开展学术研究。

行而不辍，未来可期。面向未来，面向中国式现代化，我们要将人与自然和谐共生作为核心理念，全面加强生态文明教育与可持续发展教育，进一步增强教师、学生对于生物多样性保护和应对气候变化意识，牢固树立尊重自然、顺应自然、保护自然的生态文明理念，为建设人与自然和谐共生的美丽中国凝聚共识、汇聚力量，为构建人类命运共同体贡献中国智慧。本书付梓之际，用这段话与同人们、朋友们共勉。由于本人水平有限，不当之处，恳请大家批评指正。

张婧写于 2024 年 2 月 26 日

图书在版编目(CIP)数据

新时代生态文明教育研究 / 张婧著. -- 北京：社会科学文献出版社，2024.4
ISBN 978-7-5228-3490-0

Ⅰ.①新… Ⅱ.①张… Ⅲ.①生态环境-环境教育-研究-中国 Ⅳ.①X321.2

中国国家版本馆 CIP 数据核字（2024）第 072794 号

新时代生态文明教育研究

著　　者 / 张　婧

出 版 人 / 冀祥德
责任编辑 / 岳梦夏
文稿编辑 / 胡金鑫
责任印制 / 王京美

出　　版 / 社会科学文献出版社 · 马克思主义分社(010)59367126
地址：北京市北三环中路甲 29 号院华龙大厦　邮编：100029
网址：www. ssap. com. cn
发　　行 / 社会科学文献出版社（010）59367028
印　　装 / 三河市尚艺印装有限公司

规　　格 / 开 本：787mm × 1092mm　1/16
印 张：14　字 数：227 千字
版　　次 / 2024 年 4 月第 1 版　2024 年 4 月第 1 次印刷
书　　号 / ISBN 978-7-5228-3490-0
定　　价 / 98.00 元

读者服务电话：4008918866